Ram Kumar
Chandra Deo
Yamuna Prasad Singh

Estudos nutricionais sobre a cabaça amarga (Momordica charantia L.)

Ram Kumar
Chandra Deo
Yamuna Prasad Singh

Estudos nutricionais sobre a cabaça amarga (Momordica charantia L.)

ScienciaScripts

Imprint
Any brand names and product names mentioned in this book are subject to trademark, brand or patent protection and are trademarks or registered trademarks of their respective holders. The use of brand names, product names, common names, trade names, product descriptions etc. even without a particular marking in this work is in no way to be construed to mean that such names may be regarded as unrestricted in respect of trademark and brand protection legislation and could thus be used by anyone.

Cover image: www.ingimage.com

This book is a translation from the original published under ISBN 978-620-2-08107-8.

Publisher:
Sciencia Scripts
is a trademark of
Dodo Books Indian Ocean Ltd. and OmniScriptum S.R.L publishing group

120 High Road, East Finchley, London, N2 9ED, United Kingdom
Str. Armeneasca 28/1, office 1, Chisinau MD-2012, Republic of Moldova, Europe
Printed at: see last page
ISBN: 978-620-8-10127-5

ÍNDICE DE CONTEÚDOS

RECONHECIMENTO

*A **"Graça de Deus"** está sempre comigo e dá-me paciência e força para ultrapassar as dificuldades que surgem no meu caminho para realizar este projeto. Não me atrevo a agradecer, mas apenas a rezar para que me abençoe sempre.*

*É com imenso prazer que exprimo o meu profundo sentimento de veneração e gratidão ao meu principal conselheiro e presidente do meu comité consultivo, **o Dr. Chandra Deo**, Professor Assistente do Departamento de Ciências Vegetais, pela sua orientação inspiradora, zelo infindável, encorajamento constante e críticas construtivas, que orquestraram eficazmente o esforço total, não só limitado a este trabalho, mas que me levará muito longe na minha vida.*

*Não tenho palavras para exprimir a minha mais profunda gratidão e o meu mais caloroso agradecimento aos membros do meu comité consultivo, **Dr. Chandra Deo**, Professor Assistente, Departamento de Ciências Vegetais, **Dr. A.L. Yadav**, Professor Assistente, Departamento de Horticultura, **Dr. R.A. Singh**, Professor Associado, Departamento de Agronomia, **Dr. R.C. Jaiswal**, Professor e Diretor, Departamento de Ciências Vegetais, pelas suas valiosas sugestões e encorajamento durante o decurso da presente investigação.*

*Expresso a minha mais profunda gratidão e os meus sinceros cumprimentos ao **Dr. R.C. Jaiswal**, Professor e Diretor do Departamento de Ciências Vegetais e a todos os membros do corpo docente, nomeadamente **o Dr. N.C. Gautam (Ex. Vice-Chanceler), Dr. S. S. Singh, Dr. S.P. Singh, Dr. P.K. Singh, Dr. V.P. Pandey, Dr. V.B. Singh, Dr. G.C. Yadav, Dr. D.P. Mishra**, que me proporcionaram as facilidades necessárias e uma ajuda cordial sempre que necessário.*

*Estou cordialmente grato ao **Dr. R.S. Kuril**, Hon'ble Vice-Chancellor e ao **Dr. Bhagwan Singh**, Dean, College of Horticulture & Forestry por fornecerem as instalações necessárias para a realização do trabalho incorporado.*

*As palavras não são capazes de exprimir a verdadeira preocupação pelo meu adorável pai **Sri. Mahendra Singh** e à minha mãe **Smt. Bala Devi** pela sua devoção, amor e bênção generosa que fizeram de mim o que sou e me levaram a este nível para fazer boas e grandes acções. Estou muito grato ao meu irmão mais velho, **Sri Raj Kumar**, e à minha bhabhi, **Smt.** Expresso a minha bênção e os meus cumprimentos pela ajuda e encorajamento* constantes dos meus irmãos **Raj Kumar** e da minha irmã **Mangi Devi, Bebi Devi** e **Rajni Devi**, cunhado **Azad Singh, Mahipal Singh** e **Ankit Kumar**. *Estou profundamente grato ao meu pai.*

Aproveito a oportunidade para registar os meus agradecimentos aos meus superiores, **Mr. Monindra Singh Jakhar, Dharmendra Dubey, Braj Mohan Singh, Prem Shankar Yadav, Narendra Tiwari, Sundar Pal, Adesh Kumar, Ramparsad, Meraj Khan, Amar Nand Yadav, Manish Kumar Singh, Amit Singh** *e aos meus colegas* **Arun Kumar, Katar Singh Verman, Pankaj Ray, Hemant Singh, Sudhanshu Mishra, Satish Yadav, Shekhar Singh, Yamuna Prasad Singh, Brijesh Ram** *e os meus adoráveis colegas* **Jitendra Kumar Kushwah, Rajesh Kumar, Moolchand, Manvendra Singh**. *Os meus amigos mais próximos* **Parveen Kumar, Rajdeep Panwar, Arun Kumar, Vikas Kumar Singh, Gagan Kumar, Somveer Singh, Harendra Kumar, Jay Kumar** *e muitos outros amigos ajudam-me. Se não menciono os seus nomes, não é por falta de gratidão, mas por falta de espaço.*

Os meus sinceros agradecimentos ao **Sr. Ramprasad, Adesh Kumar, Arun Kumar, Gagan Kumar, Parveen Kumar, Vikas Kumar Singh, Rajdeep Panwar** *pela sua motivação, apoio e encorajamento.*

Por último, mas não menos importante, gostaria de agradecer ao **Sr. Adesh Kumar** *por ter dactilografado este manuscrito correto e limpo e ao Sr. Amar Pal Singh pela ajuda na análise dos dados.*

Os meus agradecimentos são devidos àqueles que, consciente ou inconscientemente, me ajudam através das suas críticas e sugestões, que me inspiram a fazer sempre o melhor.

Narendra Nagar, Kumarganj

(Ram Kumar)

maio , 2012

INTRODUÇÃO

A cabaça amarga *(Momordica charantia* L.) é uma das culturas hortícolas mais importantes, pertencente à família das cucurbitáceas e amplamente cultivada na Índia, na China e no Sudeste Asiático. É também conhecida por vários nomes, como melão amargo, kerela, camila, maçã de solteira e pera balsâmica. Embora a sua origem não esteja claramente identificada, crê-se que é originária da Índia, com centros de origem secundários na China e no Sudeste Asiático.

A cabaça amarga é cultivada pelos seus frutos amargos e tenros. Os frutos são cobertos por tubérculos rombos. Quando maduros, os frutos adquirem uma cor amarela alaranjada. Os frutos são ricos em vitamina A, B e C e são uma excelente fonte de proteínas e minerais.

Os frutos são cozinhados de muitas formas, mas mais frequentemente são utilizados como fritos, cozidos e cozinhados. Os legumes cozinhados de cabaça amarga permanecem aptos para consumo durante 2-3 dias. A cucurbitacina, que é um glucósido amargo, pode ajudar a prevenir a deterioração dos vegetais cozinhados de cabaça amarga. Os frutos são também utilizados na preparação de pickles e armazenados como legumes secos.

A cabaça amarga é uma cultura hortícola de verão que se desenvolve bem em condições climáticas quentes e húmidas nas planícies de Uttar Pradesh. A cabaça amarga é geralmente semeada entre meados de fevereiro e meados de julho para as colheitas de verão e da estação das chuvas. Para obter uma colheita precoce no verão, é semeada de meados de outubro a todo o mês de novembro em condições de leito de rio. Nos últimos anos, o consumo de frutos frescos de cabaça amarga tem vindo a aumentar progressivamente ao longo do ano, estando agora disponível durante todo o ano.

A produtividade da cabaça amarga é influenciada por um grande número de factores, como o solo, as variedades, a gestão dos fertilizantes e as várias técnicas agrícolas utilizadas para o cultivo da cultura. A utilização de fertilizantes químicos contribui em grande medida para satisfazer as necessidades nutricionais das culturas. As fontes orgânicas, que são direta ou indiretamente úteis para fornecer os nutrientes, também aumentam a disponibilidade dos nutrientes presentes no solo.

A cabaça amarga requer uma adubação muito pesada, uma vez que remove uma grande quantidade dos principais nutrientes do solo. A incorporação regular, excessiva e desequilibrada de fertilizantes químicos deteriora as propriedades físico-químicas do solo e também a qualidade do produto. De um modo geral, os solos indianos são pobres em azoto, que é o nutriente mais importante para as culturas hortícolas. As necessidades em micronutrientes aumentaram devido à introdução de variedades de elevado rendimento e de sistemas de cultivo intensivo para garantir a sustentabilidade da produção vegetal. Por conseguinte, torna-se imperativo manter os níveis de fertilidade do solo através da utilização dos métodos disponíveis, ou seja, fertilizantes químicos e adubos orgânicos.

O rendimento de qualquer cultura é o efeito resultante da interação de factores genéticos e ambientais a que está exposta para o seu crescimento e desenvolvimento. O ambiente favorável pode ou não ser eficaz para aumentar o rendimento juntamente com a utilização de variedades inferiores para além de um certo limite. No entanto, não é possível modificar inteiramente o ambiente em condições de campo aberto para o crescimento e desenvolvimento de plantas que possam ser adequadas para uma determinada vida vegetal. No entanto, pode ser criado um ambiente favorável através da utilização de uma gestão judiciosa das operações culturais, da gestão integrada dos nutrientes e de variedades adequadas de elevado rendimento para aumentar o rendimento de uma determinada cultura

Durante o período de crescimento e desenvolvimento de uma planta, os nutrientes desempenham um papel vital para o funcionamento das funções fisiológicas normais da planta. No entanto, para obter um rendimento económico mais elevado, o fornecimento equilibrado de nutrientes é um dos factores-chave (Singh, 1976). O azoto e o fósforo, juntamente com o potássio, são os nutrientes primários e principais, necessários em grande quantidade para o crescimento e desenvolvimento saudáveis das plantas.

O azoto é um constituinte integral dos aminoácidos, proteínas, clorofila, alcalóides, amidas e outros componentes das plantas. Proporciona um crescimento vegetativo vigoroso e uma cor verde escura às plantas. Além disso, também regula a disponibilidade de fósforo, potássio e outros elementos presentes no solo.

O vermicomposto fornece todos os nutrientes sob uma forma prontamente disponível, aumentando também a absorção de nutrientes pelas plantas (Rai e Pandey, 2007). O vermicomposto influencia a proporção fisiológica e biológica do solo, o que, por sua vez, melhora a fertilidade. As substâncias semelhantes ao ácido húmico no vermicomposto aumentam a disponibilidade de micronutrientes nativos e adicionados.

O custo dos fertilizantes sintéticos está a aumentar de dia para dia, pelo que os agricultores procuram uma fonte alternativa que possa reduzir o custo do cultivo, mantendo o estado de fertilidade do solo. A utilização de inoculantes microbianos para suplementar uma parte das necessidades de azoto atingiu uma importância imensa. No entanto, as informações disponíveis na literatura sobre o efeito dos fertilizantes numa abordagem integrada da cabaça amarga são inadequadas. Tendo em conta os conteúdos acima referidos, a presente investigação intitulada **"Estudos nutricionais sobre a**

cabaça amarga *(Momordica charantia* **L.) envolvendo azoto e Vermicopost"** durante a estação de *Zaid* de 2010-11 foi planeada para realizar experiências com os seguintes objectivos principais

1. Determinar o impacto dos níveis de azoto no crescimento, rendimento e qualidade da cabaça amarga,

2. Descobrir a influência de diferentes níveis de vermicomposto no crescimento, rendimento e qualidade da cabaça amarga,

3. Investigar o efeito interativo do nível de azoto e vermicomposto no crescimento, rendimento e qualidade da cabaça amarga,

4. Elaborar os custos económicos dos diferentes tratamentos.

Capítulo II

REVISÃO DA LITERATURA

Uma vez que a população humana no país está a aumentar muito rapidamente, o aumento da produção de culturas hortícolas torna-se imperativo para manter a sua saúde. Tendo em conta o que precede, sente-se uma necessidade extrema de aumentar a produção de culturas hortícolas, especialmente de cabaça amarga, através da utilização judiciosa de fertilizantes orgânicos e inorgânicos.

Existe um grande número de adubos orgânicos, entre os quais composto urbano, estrume de cavalo, estrume de quinta, esgotos e lamas, lama de prensa e vermicomposto, juntamente com outros fertilizantes químicos, que tendem a reduzir o custo total do cultivo e as culturas recebem também os nutrientes essenciais para o seu crescimento e desenvolvimento. Uma vez que os trabalhos científicos sobre a utilização de adubos orgânicos são muito escassos nas culturas hortícolas. Por isso, as revisões direta ou indiretamente relacionadas com a utilização de estrume orgânico em culturas hortícolas são resumidas nos parágrafos seguintes.

2.1 Efeito do azoto no crescimento vegetativo:

Rekhi *et al.* (1968) relataram que a aplicação de 120 kg e 180 kg de N ha^{-1} aumentou significativamente a proporção de flores perfeitas e estaminadas de melão (1:20,6) e 1:16,1, respetivamente para doses de nitrogénio contra o controlo (1:41,5).

Parikh e Chandra (1969) relataram que a variedade verde longa de pepino produziu um número máximo e mínimo de flores femininas e masculinas, respetivamente, quando 80 kg N ha^{-1} foi aplicado. No entanto, doses mais elevadas de N (100 kg N ha^{-1}) atrasaram o aparecimento da flor feminina.

Pandey e Singh (1973) efectuaram uma experiência com a cabaça de garrafa cv. Pusa

Summer Prolific longa e tratada com vários níveis de azoto e hidrazida málica. Apenas o azoto a 50 ou 100 kg ha^{-1}. Aumento das flores pistiladas e das flores estaminadas. O azoto a 100 kg ha^{-1} em combinação com 400 ppm de MH aumentou a relação entre flores femininas e masculinas, que foi de 1,2: 6.

Bose *et al.* (1976) referiram que a deficiência de N, P, K, Mg, Cu e Fe resultou numa redução significativa do número de flores estaminadas e pistiladas em *Cucumis melo, Luffa actangula* e *Citrullus vulgaris*, sendo as flores pistiladas mais afectadas.

Singh (1983) investigou que a incorporação de azoto aumentou significativamente o comprimento da videira de cabaça de garrafa, no entanto, o número de ramos aumentou apenas até à aplicação de azoto @ 150 kg ha^{-1} e a aplicação para além de 250 kg ha^{-1} causou efeitos prejudiciais na produção de ramos, bem como noutros atributos de crescimento da planta.

Alan (1984) generalizou que o pepino respondeu bem quando níveis crescentes de azoto foram incorporados, no entanto, o crescimento abundante e a produção de frutos foram obtidos com a aplicação de 80 kg N ha^{-1}.

Srinivas e Daijode (1984) relataram que foi observado um aumento significativo na flor perfeita de muskmelon com o uso de NPK @ 50:60:60 kg.

Ray Choudhary *et al.* (1984) obtiveram uma resposta favorável na ronda com uma dose padrão de aplicação de azoto, ou seja, (1,71 g/15 cm de tamanho de parcela).

Seshadari (1986) resumiu que o uso de estrume de curral juntamente com o nível de azoto causou uma resposta benéfica no crescimento e na produção de frutos de parval aplicação conjunta de 25 toneladas de FYM ha^{-1} juntamente com 80 N ha^{-1} produziu um crescimento máximo e produção de frutos.

Spriescu (1986) referiu que a aplicação de azoto a 100 kg ha^{-1}
aumentou significativamente o crescimento vegetativo e produziu o máximo de folhas

e nós na melancia quando esta foi cultivada em solo arenoso pobre.

Bhella e Willcocks (1986) também assinalaram a promoção do crescimento do melão ao aumentar o nível de N de 60 para 100 kg ha^{-1} de forma semelhante.

Singh e Chhonker (1986) também resumiram que o aumento do comprimento dos ramos principais do melão foi afetado significativamente com a utilização de azoto a 100 kg ha^{-1} .

Mukhtar *et al.* (1988) realizaram um ensaio de campo com duas cultivares de *Cucurbita pepo* e o fertilizante NPK foi aplicado a 0, 500 ou 1000 kg ha^{-1} como adubo de cobertura, o crescimento e a fase de desenvolvimento da planta melhoraram significativamente ao nível mais elevado de aplicação de azoto, ou seja, 1000 kg ha^{-1} .

Arora e Siyad (1989) verificaram que o comprimento máximo da videira e o número de flores masculinas na cabaça de esponja foram observados pela aplicação conjunta de 75 kg de N e 40 kg de P ha^{-1} durante o verão. Além disso, também enfatizaram que o uso combinado de 50 kg de N + 20 kg de P ha^{-1} provou ser mais eficaz para aumentar o número de ramos, o número de folhas e a flor feminina na estação do verão e diminuir a razão sexual tanto no verão como na estação das chuvas.

Rao e Srinivas (1990) referiram que o aumento da dose de N aumentou significativamente as concentrações de K nas folhas e nos pecíolos e as concentrações de P foram significativamente reduzidas devido ao aumento dos níveis de K.

Al-Sahaf e Al-V-Hafagi (1990) observaram abundância de altura de planta (407,09 cm), número de ramos por planta (9,71), número de folhas por planta (8099), superfície da área foliar (10209,03 cm^2) e matéria seca (75,99 g) em pepino pela aplicação conjunta de 300% da dose recomendada de NPK quando a experiência foi conduzida em condições protegidas.

Suresh e Pappaiah (1991) investigaram que 80 kg de N e 30 kg de P O$_{25}$ ha^{-1} produziram uma resposta única no crescimento vegetativo e mostraram o comprimento máximo da videira e a produção de matéria seca na cabaça amarga cv. MDU-1.

Smith *et al.* **(1991)** referiram que a concentração de nitratos era maior aos 42 D.A.S. na melancia, o que equivalia a não$_3$ azoto ha^{-1}. O pico da taxa de absorção de azoto (3,8 kg ha^{-1}) ocorreu por volta dos 46 D.A.S.

Schutheis (1994) verificou uma redução no crescimento das plântulas e um atraso linear no aparecimento da primeira flor pistilada com o aumento da dose de azoto de 25-75 mgl^{-1} de água na melancia.

Patil *et al.* **(1996)** relataram que o comprimento da videira aumentou significativamente com o aumento do nível de azoto e um efeito pronunciado no número de folhas por planta aos 30, 60 e 90 D.A.S. pela aplicação de 100 kg N ha^{-1}.

2.2 Efeito do azoto no rendimento e nos atributos de rendimento:

Uma vez que o azoto é um nutriente importante e a sua quantidade é também mais necessária em comparação com outros nutrientes para o crescimento e desenvolvimento da planta. Os trabalhos realizados no passado por outros cientistas sobre as necessidades de azoto são brevemente analisados nos parágrafos seguintes:

Deshi *et al.* **(1965)** assinalaram que a aplicação de azoto para além de um certo limite causava um efeito prejudicial no crescimento e desenvolvimento da planta. Além disso, também concluíram que doses crescentes de azoto de 50-112 kg ha^{-1} reduziram a produção de frutos de cabaça amarga e a redução foi de 14,15 para 13,08 q ha^{-1} num ensaio de fertilizantes com irrigação em melão e foi relatado que o uso de azoto @ 165 kg ha^{-1} aumentou significativamente a produção de frutos.

Jassal *et al.* **(1970)**, numa experiência de fertilização e irrigação, a aplicação de azoto a 165 kg ha^{-1} aumentou significativamente o rendimento. A interação entre o azoto e a irrigação foi significativa apenas no que diz respeito ao peso do fruto.

Jassal *et al.* **(1972)**, num ensaio de fertilização com irrigação em melão, aplicaram 165 kg de azoto por hectare em^{-1}, o que aumentou a produção de frutos. A interação adicional entre o azoto e a irrigação também trouxe melhorias significativas no aumento da produção de frutos de melão.

Shukla e Gupta (1980) observaram na abóbora que havia um aumento da produção de frutos e do número de frutos por hectare com o aumento do nível de fertilizante azotado. Eles também relataram que a parcela que recebeu 150 kg de N ha^{-1} deu o maior rendimento de frutos por hectare.

Daljeet Singh *et al.* (1982) relataram um aumento de rendimento de 170,8 q ha^{-1} no controlo para 277,8 q ha^{-1} quando fertilizado com 100 kg ha^{-1} azoto e 60 kg ha^{-1} $P_2 O_5$ em melão.

Rajendran *et al.* (1983) efectuaram ensaios durante épocas consecutivas com abóbora cv. CM-14 e o rendimento máximo foi obtido quando o azoto foi aplicado a 77,2 kg ha^{-1} .

Samalo e Parida (1983) realizaram experiências com a utilização de níveis graduais de aplicação de azoto no rendimento do Parwal e indicaram um aumento linear no rendimento de 60 a 140 kg de N com 50 kg cada de $P O_{25}$ e $K_2 O$ ha^{-1} .

Yadav *et al.* (1983) realizaram uma experiência com níveis variáveis de azoto (40, 80 e 120 kg ha^{-1}) em Parwal e verificaram que os níveis crescentes de azoto provocaram um aumento correspondente quase em caracteres que contribuem para o rendimento. O resultado foi que uma aplicação de 120 kg ha^{-1} produziu o rendimento máximo de 120,68 q ha^{-1} .

Deswal e Patel (1984) obtiveram o maior rendimento (467-489 q ha^{-1}) de melancia cv. Ashaigomto quando foi efectuada uma aplicação conjunta de 70 kg de N, 70 kg de P e 50 kg de K por hectare.

Srinivas e Prabhakar (1984) referiram que a resposta ao N foi marcada até 50 kg ha^{-1} . $P O_{25}$ e cada um a 60 kg ha^{-1} levou a um aumento de rendimento no muskmelon cv. Hara Madhu.

Hassan *et al.* (1984) efectuaram um ensaio com o *Cucumis melo* cv. CS-26, N:P

O$_{25}$:K$_2$ O foi aplicado a 0-120:0-190:0-90 kg ha^{-1} , com azoto numa dose repartida de metade como adubo basal e o resto em duas doses iguais aos 45 dias após a sementeira e 15 dias depois. A resposta do azoto foi quadrática e o nível ótimo foi calculado em 96,6 kg ha^{-1} mas o nível mais económico foi de 45,38 kg N ha^{-1} . Não se observou um efeito apreciável do fósforo, no entanto, a resposta linear de K foi linear.

Seshadri (1986) resumiu que a utilização de estrume de curral juntamente com níveis de azoto provocou uma resposta benéfica no crescimento e na produção de frutos de Parwal. A aplicação conjunta de 25 toneladas de FYM/ha com 80 Kg N ha^{-1} produziu o máximo de crescimento e rendimento de frutos.

Hegde (1987) observou um aumento de minerais na melancia com o aumento da dose de N (60-80 kg ha^{-1} aumentou significativamente a absorção de minerais em 51 por cento.

Mukhtar *et al.* (1988) realizaram um ensaio de campo com a *Cucurbita pepo* e o fertilizante NPK (18:18:5) foi aplicado a 0,500 ou 1000 kg ha^{-1} como adubação lateral e o crescimento e desenvolvimento das plantas foram melhores com o nível mais alto de taxa de NPK, mas a produção de frutos foi mais alta em ambas as estações com 500 kg ha^{-1} .

Singh e Naik (1989) observaram que a produção de frutos de melancia da variedade Arka Manik foi reduzida pela aplicação de azoto para além de 50 kg ha^{-1} .

EL-Hassan (1991) registou a maior acumulação total de N e K pelos frutos do pepino em condições de estufa com a aplicação de detla spray com 25 kg de N + 7,6 kg de P + 25,3 kg por 500 m^2 .

Jagadeesh *et al.* (1994) referiram que a substituição de N por chorume de biogás gasto a um nível percentual aumentou o rendimento das vagens de malagueta em 47% em relação ao controlo (100% N como ureia). Quando o nível de substituição foi aumentado de 25 para 100 por cento, o rendimento foi igual ao do controlo.

Paulraj e Sree Rumulu. (1994) níveis crescentes de aplicação de lamas de depuração urbanas (0 a 20 t ha^{-1}) deram origem a um aumento correspondente no comprimento e peso de rebentos e raízes de quiabo, tomate e amaranto. Também aumentou o carbono orgânico e os nutrientes no solo.

Umamaheshurappa *et al.* **(2002)** registaram uma resposta positiva do azoto no número de dias necessários para a frutificação, peso, comprimento e perímetro dos frutos, número de frutos por videira e produção de frutos por videira.

Umamaheshurappa *et al.* **(2003)** estudaram a resposta da cabaça de garrafa cv. Arka Bahar a níveis variáveis de N.P.K. Os resultados indicaram que o azoto aumentou significativamente o comprimento da videira, o número de folhas por videira, o número de ramos por videira, a circunferência da videira, o número de flores masculinas por videira, o número de flores femininas por videira, o peso seco total da planta e, em última análise, o rendimento e a cultura foi altamente reactiva a ele, o fósforo também mostrou influência positiva em vários caracteres. Por outro lado, a aplicação de níveis variáveis de potássio teve um efeito não significativo, exceto no comprimento da videira e no número de folhas por videira. A aplicação de azoto, fósforo e potássio a 120:100:30 kg ha^{-1} respetivamente registou o máximo e pareceu ser a dose óptima de fertilizante na zona seca do sul de Karnataka para a cabaça de garrafa cv. Arka Bahar.

Prasanna *et al.* **(2004)** estudaram a resposta da cabaça de crista cv. Arka Sujath a diferentes níveis de N.P.K. e mostraram que o azoto aumentou significativamente o comprimento da videira, o número de ramos por videira, o peso seco da folha e da videira e, finalmente, a produção. A aplicação de azoto, fósforo e potássio a 50:50:60 kg ha^{-1} , respetivamente, pareceu ser a dose óptima de fertilizante, uma vez que se obteve o rendimento máximo.

Reddy e Rao (2004) efectuaram um ensaio de campo, considerando quatro níveis de vermicomposto (0, 10, 20 e 30 t/ha) e. Três níveis de N (20, 40 e 80 kg/ha) e a aplicação combinada dos mesmos causaram uma resposta benéfica no sentido de aumentar o comprimento da videira, o número de frutos, a produção de yiled/ha, mas a floração foi atrasada.

Shekhar gouda (2005) relatou que a incorporação de nitrogénio a 100 kg ha^{-1} registou um comprimento de videira significativamente maior, número de ramos primários e número de videiras, o rendimento máximo de sementes foi registado com a aplicação de 100kg N (822,54 kg) 75kg P2O5 (770,96kg) e 50kg K2O (793,10).

Boswana *et al.* (2005) resumiram que o aumento do nível de azoto e da irrigação aumentou o rendimento e a eficiência da utilização da água do melão redondo

Mulage (2006) relatou que a aplicação de 100kg ha^{-1} trouxe significativamente maior comprimento, número de ramos primários e número de frutos por videira, além disso, o rendimento máximo de sementes (822,5) kg-ha) foi registado quando 100kgN foi aplicado.

Mulani *et al.* (2007) salientaram que a aplicação combinada de estrume orgânico e biofertilizante teve uma resposta positiva no crescimento, rendimento e qualidade da cabaça amarga. Além disso, também ficaram impressionados com o facto de uma aplicação de 25% de azoto através de bagaço de neem e 75% de azoto através de estrume de aves de capoeira se ter revelado mais eficaz para impulsionar o crescimento, o rendimento e os parâmetros de qualidade da cabaça amarga.

Singh e Krishan Mohan (2007) revelaram que a taxa recomendada de NPK, ou seja, 80:60:40 kg ha^{-1} sozinho ou em combinação com 25 ou 50% de FYM causou uma resposta significativa na produção de frutos e outros atributos de rendimento, no entanto, foi observado um impacto favorável na maioria dos atributos de rendimento.

Meerabai *et al.* (2007) revelaram que, entre as várias fontes de nutrientes orgânicos, o estrume de aves de capoeira foi considerado o melhor para aumentar a frequência de colheita, o número de frutos/planta, o rendimento total de frutos e o rendimento líquido em Rs./ha. A produção de frutos produzida pelo estrume de aves foi 46,5% mais elevada em comparação com o composto. No entanto, a qualidade de conservação foi melhor quando o vermicomposto foi utilizado como fonte de estrume.

Olaniyi e Odedere (2009) resumiram que o efeito combinado de N mineral e estrume de composto influenciou significativamente o crescimento, o rendimento, a qualidade e a composição química da abóbora, com valores máximos registados a partir de 30 kg de azoto por 4,5 toneladas ha-1 de composto, aumentando o gasto de fruta e o nível de K.

Pulakbunia (2009) investigou os parâmetros de crescimento e exibiu um desempenho superior sob a influência de níveis nutricionais de 50% de azoto inorgânico e combinação de biofertilizante com micronutrientes. Os caracteres de crescimento foram influenciados significativamente devido à utilização de níveis nutricionais.

Capítulo III

MATERIAIS E MÉTODOS

Este capítulo trata dos materiais utilizados, do procedimento experimental seguido e das técnicas adoptadas no decurso desta investigação. As condições climáticas e edáficas prevalecentes durante o período de cultivo também foram apresentadas em locais apropriados.

Plano de trabalho:

Para a realização da presente experiência, foi planeada uma investigação sobre o tema **"Estudos nutricionais da cabaça amarga *(Momordica charantia* L.) com azoto e vermicomposto"** durante a estação de *Zaid*.

Local experimental:

A experiência foi realizada durante a época de *Zaid* de 2010-11 na Estação Experimental Principal, Departamento de Ciências Vegetais, Universidade de Agricultura e Tecnologia Narendra Deva, Narendra Nagar (Kumarganj) Faizabad (U.P.).

Topografia e condições climatéricas:

Geograficamente, o local da experiência é abrangido por um clima subtropical húmido e situa-se a $26,47^0$ N de latitude e $82,12^0$ E de longitude, a uma altitude de cerca de 113 metros do nível médio das águas do mar, na planície aluvial de Gangetic, a leste de Uttar Pradesh. A região de Faizabad recebeu uma precipitação média anual de cerca de 1200 mm. A precipitação máxima nesta região ocorre de meados de junho a finais de setembro. No entanto, são também muito frequentes os aguaceiros ocasionais nos meses de janeiro e fevereiro. Os meses de inverno são muito frios, enquanto os meses de verão são extremamente quentes e os ventos quentes do oeste, conhecidos localmente como *loo*, começam em abril e continuam até ao início da monção, no mês de junho.

Condições edáficas:

Foi recolhida uma amostra composta de solo até à profundidade de 15 cm com a ajuda de um trado de solo, a fim de determinar a textura do solo, o pH do solo, o carbono orgânico, o azoto, o fósforo e o potássio antes da transplantação. Os resultados das análises físicas

As propriedades químicas do solo são apresentadas no Quadro 3.1. De acordo com o método triangular de classificação do solo reconhecido pela Sociedade Internacional de Ciência do Solo, a textura do solo era franco-arenosa e ligeiramente alcalina em reação com um estado de fertilidade médio.

Tabela-3.1 Propriedades físico-químicas do campo experimental na fase inicial Condições meteorológicas:

S. No.	Properties	Value (2010-11)	Method employed
A. Mechanical			
1.	Sand	57.40	Bauyoucos hydrometer
2.	Silt	24.70	Bauyoucos hydrometer
3.	Clay	17.90	Bauyoucos hydrometer
4.	Texture class	Sandy loam	Triangular method
B. Chemical			
1.	Soil reaction (pH)	7.90	1:2.5 (soil:water) suspension using glass electrode pH meter (**Jackson, 1973**)
2.	Organic carbon (%)	0.27	Walkley and Black's titration method (**Walkley, 1964**)
3.	Available nitrogen (kg/ha)	119.60	Alkaline permagnate method (**Subbiah and Asija, 1956**)
4.	Available phosphorus (kg/ha)	20.80	Olsen's method (**olsen *et al.*, 1954**)
5.	Available potassium (kg/ha)	172.40	Neutral normal ammonium acetate using Flame photometer (**Jackson, 1973**)

Os pormenores das observações meteorológicas, como a distribuição semanal da precipitação, a temperatura mínima e máxima, a humidade relativa e as horas de sol, foram registados durante o período de cultivo e os dados foram apresentados no Quadro 3.2 e ilustrados graficamente na Fig. 3.1.

Quadro-3.2 Média semanal dos dados meteorológicos durante o período de inquérito (2010-11)

Months	Meteorological week	Mean temperature (°C)		Mean relative humidity (%)	Total rainfall (mm)	Sunshine (hrs/day)
		Min.	Max.			
February	6	3.50	15.30	85.00	-	1.20
	7	2.50	14.30	85.70	-	1.40
	8	5.20	22.10	57.50	-	6.14
	9	4.60	19.50	77.80	-	3.80
March	10	6.00	23.50	70.50	-	4.30
	11	7.40	26.20	56.40	-	7.80
	12	11.40	25.20	74.50	7.50	5.00
	13	8.20	25.20	67.60	-	7.20
	14	10.20	27.00	61.80	1.40	8.00
April	15	8.60	25.30	68.50	-	6.60
	16	12.10	31.40	54.10	-	8.20
	17	14.00	35.10	42.60	-	7.70
	18	15.80	33.80	46.90	-	6.80
	19	12.80	31.9	50.20	-	7.80
May	20	18.60	37.70	34.50	-	6.80
	21	18.90	38.00	38.20	-	6.60
	22	20.10	37.90	41.70	-	5.60
	23	18.20	37.30	37.60	4.20	3.30
	24	23.50	39.80	49.80	3.20	7.70
June	25	26.50	39.10	52.40	-	6.20
	26	23.40	37.60	56.20	14.80	5.80
	27	24.50	36.00	54.20	9.20	7.50
	28	26.00	39.00	51.00	-	8.00
	29	26.70	36.50	64.00	18.20	5.10
July	30	26.30	32.90	75.90	101.20	4.00
	31	25.70	31.00	84.00	106.80	2.50
	32	26.70	33.80	74.50	22.00	4.40
	33	26.50	33.50	74.70	97.60	5.10

Detalhes experimentais:

O experimento foi realizado em blocos casualizados com três repetições. Todos os tratamentos foram distribuídos aleatoriamente em cada parcela durante a experimentação. O pormenor da disposição é apresentado no quadro:-3.3

Pormenores da disposição:

Variedades   : N.D.B.T.-5

Conceção   : Desenho de blocos aleatórios (RBD) com

             Conceito de fatorial

Número de tratamentos   : 12

Número de réplicas   : 3

Número total de parcelas   : 36

Dimensão líquida da
parcela   : 2 m x 4 m (8 m $)^2$

Espaçamento   : 150 cm x 40 cm

Linha a linha   : 150 cm

Planta a planta   : 40 cm

Número de linhas /plot   : 2

Número de plantas/linha   : 4

Número de plantas/parcelas : 8

Largura do canal de
irrigação   : 1.00 m

Largura da crista   : 40 cm

Comprimento do campo   : 40 m

Largura do campo   : 10 m

Área experimental total   : 400 m^2

Pormenor dos tratamentos:

A fim de facilitar a referência, o símbolo atribuído aos diferentes tratamentos é

apresentado a seguir:

A.	**Níveis de azoto (kg/ha)**	**Símbolos utilizados**
	25 kg N/ha	N_1
	50 kg N/ha	N_2
	75 kg N/ha	N_3
	100 kg N/ha	N_4

B. Níveis de *vermicomposto* tons/ha

0 tom/ha		V_0
2,5 toneladas/ha		V_1
5,0 toneladas/ha		V_2

Preparação do terreno:

Foi efectuada uma pré-irrigação do campo antes da lavoura e o solo foi pulverizado por meio de uma lavoura seguida de uma prancha. Todas as ervas daninhas e restolhos disponíveis no campo foram recolhidos manualmente e removidos do campo. Foi efectuado um nivelamento adequado para facilitar a irrigação. A disposição da experiência foi feita de acordo com o plano de investigação e mostrada na Fig. 3.2.

Aplicação de estrume e fertilizantes:

A dose completa de *vermicomposto* e meia dose de ureia (46% N) foi incorporada antes da sementeira. As restantes meias doses de azoto foram aplicadas em duas doses divididas, a primeira aos 30 dias e a segunda aos 45 dias após a sementeira.

Irrigação:

As parcelas foram irrigadas logo após a sementeira e foram feitas irrigações semanais durante fevereiro-março. Em abril e maio foram efectuadas regas frequentes com um intervalo de 4-5 dias. Também se procedeu a inundações ocasionais das parcelas durante o período de frutificação da cabaça amarga.

Funcionamento intercultural:

A fim de manter o bom estado das plantas e o seu crescimento satisfatório, foram efectuadas as necessárias mondas e sachas.

Gestão da doença:

Foram efectuadas duas pulverizações preventivas de Dithane M-45 (0,03%) contra doenças.

Gestão das pragas:

Foram feitas duas pulverizações preventivas de Rogor (0,03%) e Seven dust contra os insectos.

Técnicas de estudo:

Na experiência de campo, era impossível efetuar um estudo pormenorizado de todas as plantas, uma vez que todas elas dispunham de oportunidades e facilidades iguais para o seu crescimento e desenvolvimento, pelo que, de entre a população total de plantas da parcela, foram retiradas cinco plantas da parte central das parcelas para as observações. Estas plantas foram marcadas para registar os dados sobre o crescimento, o rendimento e os atributos de qualidade da cabaça amarga, como se indica a seguir:

A. Caracteres de crescimento:

1. Dias necessários para a germinação
2. Comprimento do rebento principal (cm)
3. Número de ramos por planta
4. Número de folhas/planta
5. Número de frutos/planta

B. Rendimento e atributos do rendimento

1. Comprimento do fruto na colheita
2. Largura do fruto (cm)

3. Peso do fruto (g)

4. Rendimento de frutos por planta (kg)

5. Rendimento de frutos (q/ha)

C. Caraterísticas fenológicas:

1. Dias decorridos até ao aparecimento da primeira flor feminina

2. Dias decorridos até ao aparecimento da primeira flor masculina

3. Nó em que surgiu a primeira flor masculina

4. Nó em que surgiu a primeira flor feminina

D. Atributos de qualidade:

1. Proteína (%)

2. Teor de matéria seca (%)

E. Economia da produção vegetal:

1. Custo de cultivo (Rs./ha)

2. Rendimento bruto (Rs./ha)

3. Lucro líquido (Rs./ha)

4. Rácio benefício : custo

A. Caracteres de crescimento:

1. **Dias necessários para a germinação:** O número de dias decorridos desde a data de sementeira até à data de germinação foi anotado em todas as cinco plantas da parcela e a média foi calculada e registada como o número de dias necessários para a germinação.

2. **Comprimento do rebento principal:** O comprimento do broto principal foi medido em todas as seis plantas de uma parcela aos 20, 40 e 60 dias após a semeadura. O rebento principal foi medido em cm ou m da base ao ápice da planta com a ajuda de uma fita métrica e, finalmente, o comprimento médio foi calculado.

3. **Número de ramos por planta:** O número de ramos de cada planta da parcela foi contado aos 20, 40 e 60 dias após a germinação e o número médio de ramos por planta foi calculado em conformidade.

4. **Número de folhas/planta:** O número total de folhas de (planta individual) da parcela foi contado na altura da última colheita e foi calculado o número médio de folhas por planta.

5. **Número de frutos/planta:** O número de frutos comestíveis foi contado em cada colheita e somado para todas as colheitas de uma parcela. O número de frutos por planta foi calculado dividindo o número total de frutos de uma parcela pelo número total de plantas de uma parcela.

B. Rendimento e atributos do rendimento

1. **Comprimento do fruto na colheita (cm):** Uma amostra aleatória de cinco frutos foi retirada de cada planta selecionada e o comprimento do fruto foi medido desde a extremidade do pedúnculo do fruto até ao ponto da cicatriz da flor com a ajuda de uma fita métrica.

2. **Largura do fruto (cm):** Uma amostra aleatória de cinco frutos foi retirada de cada planta marcada e a largura do fruto foi medida a partir da margem e do meio com a ajuda de uma fita métrica e a largura total do fruto foi dividida por três para obter a largura média do fruto.

3. **Peso do fruto (g):** A produção de frutos de seis plantas selecionadas foi colhida e dividida pelo número total de frutos para obter um peso médio de frutos.

4. **Rendimento de frutos por planta (kg):** O total de frutos comestíveis em todas as colheitas foi registado e o rendimento por planta foi obtido após a divisão do rendimento total pelo número de plantas selecionadas.

5. **Rendimento de frutos (q/ha):** O total de frutos de todas as colheitas foi registado em kg para cada

e registou um rendimento de frutos por hectare.

C. Caraterísticas fenológicas:

1. **Dias decorridos até ao aparecimento da primeira flor feminina:** O número de dias decorridos desde a data de sementeira até à data de aparecimento da primeira flor estaminada, que foi observada em todas as seis plantas das parcelas, e a média foi calculada e registada como o número de dias decorridos até ao aparecimento da flor feminina.

2. **Dias decorridos até ao aparecimento da primeira flor masculina:** O número de dias decorridos entre a data de sementeira e a data de aparecimento da primeira flor masculina foi observado em todas as seis plantas das parcelas e a média foi calculada.

3. **Nó em que apareceu a primeira flor masculina:** Número do nó em que apareceu a primeira flor masculina numa planta individual da parcela, que foi registado como o número do nó em que apareceu a primeira flor masculina.

4. **Nó em que apareceu a primeira flor feminina:** Número do nó em que a primeira flor feminina abriu numa planta individual da parcela e foi registado como o número do nó até à abertura da primeira flor pistilada e calculada a média.

D. Atributos de qualidade:

1. **Proteína (%):** O teor de proteínas no fruto da cabaça amarga foi determinado pelo método de Lowy (1951). O método baseia-se na reação das proteínas com iões de Cu em meio alcalino, como se observa no método da bureta para a determinação das proteínas. Para além disso, há o envolvimento da redução do ácido fosfo-molíbdico e do ácido fosfo-tungustico e do triptofano e da trisina presentes na proteína. Retirar uma alíquota de 1,0 ml do superante e adicionar 1,0 ml de ácido tricálcico a 10 por cento. Este foi mantido em repouso durante 30 minutos e depois

centrifugado.

Dissolve-se o resíduo em 5 ml de NaOH 0,1 no tubo de ensaio 0,5 e toma-se uma alíquota de 1,0 ml, completando o volume até 1,0 ml com água destilada. Em seguida, adicionou-se 5 ml de regente alcalino de cobre e misturou-se corretamente; após 10 minutos, adicionou-se 0,5 ml de regente de falina e manteve-se à temperatura ambiente durante 30 minutos.

Finalmente, a intensidade da cor foi registada a 650 nm no espetrómetro 20 em comparação com os resultados do ensaio em branco. O cálculo do teor foi efectuado com base na curva-padrão e os resultados foram expressos em percentagem (g/1000 amostras).

2. **Teor de matéria seca da cabaça amarga (%):** a percentagem de matéria seca dos frutos foi determinada com base no peso fresco e foram colhidas amostras de 100 g de cada tratamento, que foram cortadas em fatias finas, depois as amostras foram secas ao sol na estufa a 40±2°C durante 48 horas ou até atingirem um peso constante; após a secagem, as amostras foram pesadas e o teor de matéria seca em percentagem foi expresso com base na fórmula seguinte

$$Dry\ matter\ content\ (\%) = \frac{Oven\ dried\ weight}{Fresh\ weight\ (g)} \times 100$$

E. Economia da produção vegetal: Os componentes económicos dos diferentes tratamentos foram calculados de acordo com as seguintes rubricas:

1. **Custo de cultivo (Rs./ha):** O custo de cultivo foi calculado tendo em conta todas as despesas incorridas com base na taxa de mercado atual dos factores de produção, tal como indicado no Apêndice I.

2. Rendimento bruto (Rs./ha): O rendimento bruto foi calculado multiplicando o

rendimento por hectare da cabaça amarga sob vários tratamentos com as taxas de

venda prevalecentes da cabaça amarga no mercado local.

3. Lucro líquido (Rs./ha): O custo de cultivo foi subtraído do rendimento bruto
para

obter lucro líquido/ha

4. Rácio benefício/custo: O rácio benefício/custo foi calculado adoptando o
seguinte

fórmula.

$$\text{Benefit : Cost ratio} = \frac{\text{Net return (Rs./ha)}}{\text{Cost of cultivation (Rs./ha)}}$$

Análise de variância para o desenho da experiência:

A análise estatística dos dados registados em todas as observações foi

calculada por métodos de análise de variância e os tratamentos foram comparados

com a ajuda da diferença crítica, tal como sugerido por **Panse e Sukhatme (1967)**.

Quadro 3.2 Análise de variância

Source of variation	d.f.	S.S.	M.S.S.	F. calculated value	F. table value at 5%
Replications	2				
Nitrogen	3				
Vermicompost	2				
N×V	6				
Error	22				

Se o rácio da variância (teste F) foi considerado significativo a um nível de

significância de 5 por cento, o erro padrão da média (SEm±) e a diferença crítica

(C.D.) foram calculados para comparação posterior a partir da tabela t, utilizando as seguintes fórmulas

1. Comparar as médias sob níveis de azoto:-

$$SEd\pm = \sqrt{\frac{2MSE}{r \times v}}$$

C.D. a 5% = SEd (±) x t em que t valor de t a graus de liberdade de erro ao nível de 5%.

2. Para comparar as médias nos níveis de *vermicomposto*

$$SEd\pm = \sqrt{\frac{2MSE}{r \times N}}$$

3.

C.D. a 5% = SEd (±) x t em que t valor de t a graus de liberdade de erro ao nível de 5%.

4. Comparar as médias sob níveis de azoto:-

$$SEd\pm = \sqrt{\frac{2MSE}{r}}$$

5.

C.D. a 5% = SEd (±) x t em que t valor de t a graus de liberdade de erro ao nível de 5%.

Capítulo IV

RESULTADOS EXPERIMENTAIS

As observações sobre vários parâmetros, *nomeadamente* o crescimento das plantas, o rendimento e os parâmetros de qualidade influenciados pelo azoto, pelo vermicomposto e pela utilização interactiva de azoto e vermicomposto na cabaça amarga *(Momordica charantia* L.) foram registadas durante a estação de *Zaid* de 2010-11 e os resultados experimentais são apresentados aqui com quadros, figuras e placas adequados, sob os seguintes títulos

4.1.1 Dias necessários para a germinação:

Os dados acumulados sobre a germinação devido à utilização de níveis de azoto, vermicomposto e a sua interação foram apresentados no Quadro-4.1 e representados graficamente na Fig.-4.1.

Um exame dos dados retratados na Tabela-4.1 indicou que a aplicação de níveis de nitrogênio causou variação significativa nos dias necessários para a germinação da semente. À medida que os níveis de nitrogênio foram aumentados, foram necessários dias mínimos, ou seja, 5,33 no nível mais alto de aplicação de nitrogênio. Um número maior de dias, ou seja, 6,44, foi necessário quando o nitrogênio foi aplicado a 25 kg ha^{-1}

.

O vermicomposto não trouxe qualquer melhoria significativa nos dias necessários para a germinação e os dados não foram afectados estatisticamente e os valores foram iguais.

A interação entre o nível de azoto e o vermicomposto não atingiu o nível de significância.

4.1.2 Comprimento do rebento principal aos 20 dias após a germinação:

Os dados acumulados sobre o comprimento do rebento principal aos 20 dias após a germinação devido ao uso de níveis de azoto, vermicomposto e a sua interação foram apresentados no Quadro-4.2 e representados graficamente na Fig.-4.2.

Um exame dos dados apresentados no Quadro 4.2 indicou que a aplicação de níveis de azoto causou uma variação significativa no comprimento do rebento principal aos 20 dias após a germinação, à medida que os níveis de azoto foram aumentados, os rebentos principais aumentaram gradualmente. Foi registado um aumento significativo no comprimento do rebento principal e a altura do rebento principal (57,50 cm) foi adquirida pela incorporação de 100 kg N ha^{-1} .

Um impacto significativo e melhor do vermicomposto também foi notado e foi registado que pela incorporação de vermicomposto @ 5 ton ha^{-1} o comprimento máximo do rebento foi notado (56.19 cm). Além disso, também se registou um bom impacto, pois à medida que os níveis de vermicomposto aumentavam, o comprimento do rebento principal também aumentava gradualmente.

Notou-se ainda que a interação devido à utilização combinada de azoto e vermicomposto não mostrou qualquer impacto adicional no que diz respeito ao comprimento do rebento principal após 20 dias de germinação.

4.1.3 Comprimento do rebento principal (cm) aos 40 dias após a germinação:

Os dados acumulados sobre o comprimento do rebento principal após 40 dias depois da germinação, influenciados pelos níveis de azoto, vermicomposto e a sua interação, foram organizados no Quadro 4.3 e representados graficamente na Fig. 4.3.

Quadro-4.1: Efeito do azoto, do vermicomposto e das suas interações na os dias necessários para a germinação da cabaça amarga.

Nitrogen (kg ha$^{-1)}$	Vermicompost (t ha^{-1})			Mean
	0	2.5	5.0	
25	6.33	6.33	6.67	**6.44**
50	5.33	5.67	5.67	**5.56**
75	6.00	5.67	5.33	**5.67**
100	5.67	5.33	5.00	**5.33**
Mean	**5.83**	**5.75**	**5.67**	

	Nitrogen	Vermicompost	N × V
SEm±	0.167	0.12	0.28
C.D. (P=0.05)	0.489	N.S.	N.S.

Quadro-4.2: Efeito do azoto, do vermicomposto e das suas interações na o comprimento do rebento principal (cm) aos 20 dias após a germinação.

Nitrogen (kg ha$^{-1)}$	Vermicompost (t ha^{-1})			Mean
	0	2.5	5.0	
25	48.35	51.35	53.36	**51.02**
50	53.76	53.95	54.80	**54.17**
75	54.82	55.13	56.03	**55.33**
100	55.67	56.28	60.57	**57.50**
Mean	**53.15**	**54.18**	**56.19**	

	Nitrogen	Vermicompost	N × V
SEm±	0.56	0.39	0.971
C.D. (P=0.05)	1.65	1. 16	N.S.

A análise crítica dos dados mostrados na tabela acima trouxe uma tremenda mudança na altura da planta do rebento principal e a altura máxima do rebento principal, *ou seja*, 1,51 (m) foi adquirida pela incorporação de 100kg N/ha seguido de 75kg ha^{-1} .

Um impacto significativo e melhor do vermicomposto também foi encontrado pela incorporação do vermicomposto. O comprimento máximo do rebento foi observado, *i.e.* (1.35) m. pela aplicação de vermicomposto @ 5.0 ton ha^{-1} . Além disso, também foi observado que à medida que os níveis de vermicomposto foram aumentados, o comprimento do rebento principal também aumentou gradualmente.

Notou-se ainda que a interação devido à utilização combinada de azoto e vermicomposto não mostrou qualquer melhoria adicional no que diz respeito ao comprimento do rebento principal aos 40 dias após a germinação.

4.1.4 Comprimento do rebento principal aos 60 dias após a germinação:

Os dados reunidos em relação ao comprimento do rebento principal aos 60 dias após a germinação devido ao uso do nível de azoto, vermicomposto e a sua interação foram resumidos no Quadro-4.4 e representados graficamente na Fig.-4.4.

Uma análise dos dados apresentados no Quadro 4.4 indica que a aplicação de níveis de azoto causou um aumento significativo e que o comprimento da videira foi maior aos 60 dias após a germinação quando foram aplicados 100 kg N ha^{-1} .

Os dados analisados apresentados na Tabela-4.8 acima indicaram que o comprimento da videira aos 60 dias após a germinação foi maior e o comprimento máximo, ou seja, 1,89 (m), foi obtido quando 5 ton ha^{-1} vermicomposto foi aplicado.

Tabela-4.3 Efeito do azoto, dos níveis de vermicomposto e da sua interação no comprimento do rebento principal (m) aos 40 dias após a germinação.

Nitrogen (kg ha$^{-1)}$	Vermicompost (t ha^{-1})			Mean
	0	2.5	5.0	
25	0.93	0.96	1.02	**0.97**
50	1.04	1.15	1.19	**1.13**
75	1.24	1.37	1.58	**1.40**
100	1.42	1.48	1.62	**1.51**
Mean	**1.16**	**1.24**	**1.35**	

	Nitrogen	Vermicompost	N × V
SEm±	**0.022**	**0.016**	**0.038**
C.D. (P=0.05)	**0.064**	**0.045**	**N.S.**

Tabela-4.4 Mostrando o efeito dos níveis de nitrogénio, vermicomposto e seus sobre o comprimento do rebento principal (m) aos 60 dias após a germinação.

Nitrogen (kg ha$^{-1)}$	Vermicompost (t ha^{-1})			Mean
	0	2.5	5.0	
25	1.61	1.65	1.68	**1.65**
50	1.74	1.78	1.82	**1.78**
75	1.83	1.88	1.97	**1.89**
100	1.91	1.94	2.08	**1.98**
Mean	**1.77**	**1.81**	**1.89**	

	Nitrogen	Vermicompost	N × V
SEm±	**0.030**	**0.022**	**0.053**
C.D. (P=0.05)	**0.089**	**0.063**	**N.S.**

A interação devido ao azoto e ao nível de vermicomposto não mostrou qualquer melhoria adicional.

4.1.5 Número de ramos por planta aos 20 dias:

Os dados sobre os efeitos do azoto, vermicomposto e suas interações no número total de ramos por planta (20 DAG) foram apresentados no Quadro 4.5 e representados graficamente na Fig.4.5.

A aplicação de 100 kg N/ha resultou num número significativamente maior de ramos (5,05) por planta, em comparação com 25 kg ha^{-1} (3,42), 50 kg ha^{-1} (4,32) e 75 kg N ha^{-1} (4,90).

O vermicomposto influenciou significativamente o número de ramos por planta aos 20 dias após a germinação e o maior número de ramos, ou seja, (4,59) foi registado quando *o vermicomposto* @ 5 t/ha foi aplicado seguido por V_1 .

As interações não foram consideradas significativas devido à utilização combinada de azoto e *vermicomposto*.

4.1.6 Número de ramos por planta aos 40 dias:

Os dados acumulados em relação ao número de ramos secundários/planta aos 40 dias após a germinação devido à utilização de níveis de azoto, vermicomposto e a sua interação foram apresentados no Quadro-4.6 e representados graficamente na Fig.-4.6.

A análise crítica dos dados apresentados no quadro acima indica que a aplicação de azoto provocou uma variação significativa na produção do número de ramos por planta e que, à medida que o nível de azoto foi aumentado, observou-se um aumento gradual dos ramos e um grande número de ramos.

Tabela-4.5 Mostra o efeito do nível de azoto e do vermicomposto no número de ramo por planta aos 20 dias.

Nitrogen (kg ha⁻¹⁾	Vermicompost (t ha⁻¹)			Mean
	0	2.5	5.0	
25	3.37	3.39	3.49	**3.42**
50	4.15	4.21	4.60	**4.32**
75	4.75	4.85	5.10	**4.90**
100	4.95	5.00	5.19	**5.05**
Mean	**4.30**	**4.36**	**4.59**	

	Nitrogen	Vermicompost	N × V
SEm±	0.037	0.026	0.064
C.D. (P=0.05)	0.108	0.076	N.S.

Tabela-4.6 Mostrando o número de ramos secundários por planta aos 40 DAG como afetado pelos níveis de nitrogênio, vermicomposto e sua interação.

Nitrogen (kg ha⁻¹⁾	Vermicompost (t ha⁻¹)			Mean
	0	2.5	5.0	
25	12.98	13.92	14.29	**13.70**
50	16.47	17.82	18.39	**17.57**
75	19.61	20.59	22.72	**20.97**
100	22.16	22.37	23.39	**22.64**
Mean	**17.91**	**18.68**	**19.70**	

	Nitrogen	Vermicompost	N × V
SEm±	0.351	0.248	0.608
C.D. (P=0.05)	1.030	0.728	N.S.

ou seja, 22,64 (N_4) foram registados quando foram aplicados 100 kg/ha, seguidos de

N_3 e N_2 .

O vermicomposto também mostrou um impacto bastante bom na produção do número de ramos/planta e o número máximo de ramos, ou seja, 23,39, foi registado quando o vermicomposto @ 5 ton ha^{-1} foi aplicado seguido por 2,5 ton ha^{-1} .

A interação entre o nitrogénio e o vermicomposto não mostrou qualquer melhoria.

4.1.7 Número de ramos por planta aos 60 dias:

Os dados relativos ao efeito dos níveis de nitrogênio e vermicomposto e sua interação no número de ramos por planta aos 60 dias após a germinação foram apresentados na Tabela-4.7 e representados graficamente na Fig.-4.7.

É óbvio, a partir dos dados dispostos na tabela acima, que o número de ramos por planta foi influenciado significativamente pela aplicação de nitrogénio a 100 kg ha^{-1} e um grande número de ramos, ou seja, 33,59/planta, foi observado seguido por 75 kg ha^{-1} .

O uso de vermicomposto também causou uma resposta benéfica em relação ao aumento do número de ramos por planta e o aumento máximo, ou seja, 30,10, foi registado aos 60 dias após a germinação.

A utilização interactiva de N x V não conseguiu atingir o nível de significância.

4.1.8 Número de folhas/planta:

Os dados recolhidos sobre o número de folhas por planta devido à utilização do nível de azoto, vermicomposto e as suas interações foram organizados no Quadro-4.8 e representados graficamente na Fig.-4.8.

Um exame dos dados apresentados no Quadro 4.8 indica que a aplicação de níveis de azoto causou uma variação significativa no número de folhas por planta, à medida que o nível de azoto foi aumentado, o número de folhas também aumentou simultaneamente e a um nível mais elevado de aplicação de azoto foi aplicado o número máximo de folhas, ou seja, (117,12).

A partir da tabela indicada acima, notou-se que o uso de vermicomposto foi considerado mais benéfico e um grande número de folhas foi obtido com a aplicação de vermicomposto a 5,0 toneladas/ha.

A utilização conjunta de vermicomposto com níveis de azoto não trouxe qualquer importância adicional e os dados foram considerados insignificantes com base na análise estatística.

4.1.9 Número de frutos/planta:

Os dados recolhidos em relação à aplicação de níveis de azoto e vermicomposto e a sua interação no número de frutos/vinha foram mostrados no Quadro 4.9 e representados graficamente na Fig.-4.9.

É óbvio a partir dos dados que o número de frutos foi influenciado significativamente pela aplicação de azoto a 100 kg/ha e foi observado um grande número de frutos, ou seja, (5,79) por videira.

A utilização de vermicomposto também causou uma resposta benéfica em relação ao aumento do número de frutos/vinha, tendo sido registado um aumento máximo (5,38).

A utilização interactiva de azoto e vermicomposto não atingiu o nível de significância.

Tabela-4.7 Mostra o número de ramos secundários por planta aos 60 dias após germinação afetada pelos níveis de azoto, vermicomposto e sua utilização interactiva na cabaça amarga.

Nitrogen (kg ha$^{-1)}$	Vermicompost (t ha^{-1})			Mean
	0	2.5	5.0	
25	23.71	24.61	24.92	**24.41**
50	25.07	26.10	27.79	**26.32**
75	29.47	30.89	32.05	**30.80**
100	32.03	33.09	35.64	**33.59**
Mean	**27.57**	**28.67**	**30.10**	

	Nitrogen	Vermicompost	N × V
SEm±	0.670	0.474	1.160
C.D. (P=0.05)	1.97	1.39	N.S.

Tabela-4.8 Mostrando o número de folhas por planta como afetado pelos níveis de azoto, vermicomposto e suas interações na cabaça amarga.

Nitrogen (kg ha$^{-1)}$	Vermicompost (t ha^{-1})			Mean
	0	2.5	5.0	
25	81.24	83.75	85.43	**83.47**
50	86.66	88.30	91.47	**88.81**
75	93.59	96.42	118.90	**102.97**
100	109.44	113.55	128.38	**117.12**
Mean	**92.73**	**95.50**	**106.05**	

	Nitrogen	Vermicompost	N × V
SEm±	4.66	3.29	2.746
C.D. (P=0.05)	1.58	1.13	2.746

Tabela-4.9 Mostrando o número de frutos por planta como afetado pelos níveis de azoto, vermicomposto e a sua utilização interactiva na cabaça amarga.

Nitrogen (kg ha$^{-1)}$	Vermicompost (t ha^{-1})			Mean
	0	2.5	5.0	
25	4.19	4.31	4.42	**4.31**
50	4.53	4.96	5.09	**4.86**
75	5.23	5.41	5.87	**5.50**
100	5.49	5.72	6.15	**5.79**
Mean	**4.86**	**5.10**	**5.38**	

	Nitrogen	**Vermicompost**	**N × V**
SEm±	**0.081**	**0.057**	**0.140**
C.D. (P=0.05)	**0.237**	**0.168**	**0.41**

4.2 Rendimento e atributos do rendimento:

4.2.1 Comprimento do fruto aquando da colheita (cm):

Os dados reunidos sobre o comprimento do fruto (cm) devido à utilização do nível de azoto, vermicomposto e interação foram apresentados no quadro 4.10 e representados graficamente na Fig.4.10.

É evidente a partir dos dados referidos na tabela acima que o comprimento do fruto (cm) foi maior em comparação com o controlo e o comprimento máximo do fruto, ou seja, 14,88 cm foi obtido quando 100 kg N ha^{-1} foi aplicado seguido pelo nível inferior de aplicação de azoto seguinte.

O vermicomposto também mostrou um impacto tangível na melhoria do comprimento do fruto, no entanto, observou-se ainda que o comprimento máximo, ou seja, 14,25 cm foi obtido quando o vermicomposto @ 5,0 ton/ha foi aplicado.

A utilização conjunta de níveis de azoto e de vermicomposto não mostrou um impacto significativo no comprimento do fruto (cm) e nenhuma das interações conseguiu destacar o seu efeito no comprimento do fruto.

4.2.2 Largura do fruto (cm):

Os dados acumulados sobre a largura dos frutos devido à utilização de vermicomposto com nível de azoto e a sua interação são apresentados no quadro -4.11

Uma visão crítica dos dados apresentados no quadro acima indica que a incorporação de azoto teve um impacto tangível na largura dos frutos e que a largura máxima, ou seja, 3,58 cm, foi registada quando foram aplicados 100 kg ha^{-1} e, em seguida, 75 kg N ha^{-1} .

A aplicação de vermicomposto não atingiu o nível de significância e os dados relacionados com a largura do fruto não foram influenciados pela utilização de diferentes níveis de vermicomposto.

A interação não mostrou qualquer efeito na largura dos frutos.

4.2.3 Peso do fruto (cm):

Os dados acumulados sobre o peso dos frutos devido à utilização de níveis de azoto, vermicomposto e a sua interação foram apresentados no Quadro-4.12 e representados graficamente na Fig.-4.12.

Uma visão crítica dos dados dispostos no quadro acima indica que a incorporação de azoto teve um impacto tangível no peso dos frutos e o peso máximo, ou seja, 75,11 g, foi registado quando se aplicaram 100 kg N ha^{-1} seguido de 75 kg N ha^{-1} . Além disso, também se observou que, à medida que os níveis de azoto aumentavam, os pesos dos frutos também aumentavam simultaneamente.

Os dados apresentados na tabela acima também trouxeram um impacto notável para o aumento do peso da fruta (g) pela aplicação de vermicomposto @ 5,0 ton ha^{-1} e o peso máximo, ou seja, 71,09 g foi registado seguido por 2,5 ton ha^{-1} .

O efeito interativo do azoto e do vermicomposto também foi pronunciado no peso do fruto em grão. 79,33 g de peso de fruto foi observado quando o uso combinado de 5,0 ton ha^{-1} vermicomposto juntamente com 100 kg N ha^{-1} incorporado.

4.2.4 Rendimento de frutos por planta (kg):

Os dados recolhidos sobre o rendimento/planta (kg) devido à utilização do nível de azoto, vermicomposto e a sua interação foram organizados no Quadro-4.13 e representados graficamente na Fig.-4.13.

Os dados analisados dispostos no quadro acima indicam que a incorporação de azoto teve um impacto tangível no rendimento por planta. O rendimento máximo, ou seja, (2,82) kg/planta foi registado quando foram aplicados 100 kg N ha^{-1} seguido de 75 kg N ha^{-1} . Além disso, também se observou que, à medida que os níveis de azoto aumentavam, o rendimento por planta também aumentava.

O uso de vermicomposto também causou uma resposta benéfica em relação ao aumento do rendimento por planta e o aumento máximo, ou seja, (2,62 kg) foi registado quando o vermicomposto @ 5,0 ton ha^{-1} foi aplicado.

A interação não tocou os níveis de significância.

Tabela-4.10: Comprimento do fruto (cm) influenciado pelos níveis de azoto, vermicomposto e sua interação na cabaça amarga.

Nitrogen (kg ha$^{-1)}$	Vermicompost (t ha^{-1})			Mean
	0	2.5	5.0	
25	12.79	13.01	13.13	**12.97**
50	13.49	13.71	13.76	**13.65**
75	14.32	14.49	15.01	**14.60**
100	14.69	14.85	15.11	**14.88**
Mean	**13.82**	**14.01**	**14.25**	

	Nitrogen	Vermicompost	N × V
SEm±	0.300	0.212	0.520
C.D. (P=0.05)	0.88	N.S.	N.S.

Quadro-4.11: Nível de azoto, vermicomposto e sua utilização interactiva na largura do fruto (cm) da cabaça amarga.

Nitrogen (kg ha$^{-1)}$	Vermicompost (t ha^{-1})			Mean
	0	2.5	5.0	
25	2.76	3.24	3.22	**3.07**
50	3.12	3.29	2.85	**3.09**
75	2.73	3.23	3.33	**3.10**
100	3.40	3.53	3.81	**3.58**
Mean	**3.00**	**3.33**	**3.30**	

	Nitrogen	Vermicompost	N × V
SEm±	0.137	0.097	0.237
C.D. (P=0.05)	0.401	N.S	N.S

Tabela 4.12 Mostra o efeito do nível de azoto, vermicomposto e a sua interação no peso do fruto (g) da cabaça amarga.

Nitrogen (kg ha$^{-1)}$	Vermicompost (t ha^{-1})			Mean
	0	2.5	5.0	
25	62.07	62.83	62.94	**62.61**
50	63.93	64.06	64.44	**64.14**
75	65.26	67.39	77.66	**70.10**
100	71.56	74.45	79.33	**75.11**
Mean	**65.71**	**67.18**	**71.09**	

	Nitrogen	Vermicompost	N × V
SEm±	0.768	0.543	1.330
C.D. (P=0.05)	2.25	1.59	3.90

Tabela-4.13 Mostra o efeito do nível de azoto, do vermicomposto e das suas interações na produção de frutos por planta (kg) na cabaça amarga.

Nitrogen (kg ha$^{-1)}$	Vermicompost (t ha^{-1})			Mean
	0	2.5	5.0	
25	1.93	2.05	2.14	**2.04**
50	2.33	2.43	2.54	**2.43**
75	2.58	2.65	2.86	**2.70**
100	2.72	2.78	2.95	**2.82**
Mean	**2.39**	**2.48**	**2.62**	

	Nitrogen	Vermicompost	N × V
SEm±	0.022	0.016	0.039
C.D. (P=0.05)	0.066	0.046	N.S.

4.2.5 Yield of fruit (q/ha):

Os dados reunidos para a produção de frutos de cabaça amarga (q ha^{-1}) devido à utilização de azoto, vermicomposto e suas interações foram mostrados no Quadro-4.14 e representados graficamente na Fig.-4.14.

Diferentes níveis de aplicação de azoto influenciaram significativamente a produção de frutos q ha^{-1} da cabaça amarga. Níveis crescentes de azoto produziram um rendimento de frutos significativamente mais elevado em q/ha. A maior produção de frutos (193,94 q/ha) foi obtida quando o azoto foi aplicado a 100 kg ha^{-1} seguido dos restantes níveis de azoto.

O vermicomposto mostrou uma resposta significativa na produção de frutos q ha^{-1} . Uma aplicação de vermicomposto @ 5,0 ton ha^{-1} causou a produção máxima de frutos q ha^{-1} e 178,05 q ha^{-1} frutos foram obtidos a este nível de aplicação de vermicomposto.

A interação não mostrou qualquer melhoria no aumento da produção de frutos q ha^{-1} .

4.3 Caraterísticas fenológicas:

4.3.1 Dias decorridos até ao aparecimento da primeira flor feminina:

Os dados recolhidos sobre os dias necessários para o aparecimento da primeira flor feminina devido à utilização de níveis de azoto, vermicomposto e a sua interação foram apresentados no Quadro 4.15 e representados graficamente na Fig.-4.15.

Os dados apresentados no quadro acima mostram claramente que a incorporação de níveis de azoto provocou uma variação significativa nos dias necessários para o aparecimento da primeira flor feminina, uma vez que o nível de azoto foi aumentado, foi necessário um grande número de dias, ou seja, (55,44) no nível mais elevado de aplicação de azoto.

Tabela-4.14 Mostra o impacto do azoto, dos níveis de vermicomposto e dos seus interações no rendimento de frutos da cabaça amarga (q/ha).

Nitrogen (kg ha[-1)]	Vermicompost (t ha[-1])			Mean
	0	2.5	5.0	
25	132.11	14.57	146.96	**139.88**
50	158.87	166.85	166.61	**164.11**
75	176.91	181.71	196.11	**184.51**
100	186.51	190.40	202.51	**193.14**
Mean	**163.63**	**169.88**	**178.05**	

	Nitrogen	Vermicompost	N × V
SEm±	1.858	1.314	3.219
C.D. (P=0.05)	5.451	3.854	N.S.

Tabela-4.15 Mostrando o nível de nitrogénio, o nível de vermicomposto e a sua utilização interactiva nos dias necessários para o aparecimento da primeira flor feminina.

Nitrogen (kg ha[-1)]	Vermicompost (t ha[-1])			Mean
	0	2.5	5.0	
25	52.97	53.21	53.58	**53.25**
50	53.54	53.85	54.06	**53.82**
75	53.42	54.59	54.95	**54.32**
100	55.06	55.45	54.81	**55.44**
Mean	**53.75**	**54.27**	**54.60**	

	Nitrogen	Vermicompost	N × V
SEm±	0.086	0.061	0.150
C.D. (P=0.05)	0.254	0.179	N.S.

Os dados analisados na Tabela-4.15 acima também indicaram o resultado semelhante pela aplicação de vermicomposto como no caso do nível de nitrogénio, no entanto, neste caso, a primeira flor feminina apareceu 54,60 dias.

A interação entre o azoto e o vermicomposto não mostrou qualquer melhoria.

4.3.2 Dias decorridos até ao aparecimento da primeira flor masculina:

Os dados recolhidos em relação aos dias necessários para o aparecimento da primeira flor masculina devido ao uso de níveis de azoto, vermicomposto e a sua interação foram apresentados no Quadro-4.16 e representados graficamente na Fig.-4.16.

Um exame cuidadoso dos dados mostrados na tabela acima trouxe um efeito significativo nos dias levados para o aparecimento da primeira flor masculina. A flor masculina apareceu aos (48,12) dias na planta e isso deveu-se à incorporação de nitrogénio a 100 kg/ha, que foi o nível mais elevado de nitrogénio entre os tratamentos.

Os dados apresentados na Tabela-4.16 acima indicam claramente que os dias levados para o aparecimento da primeira flor masculina aumentaram com o uso de vermicomposto. O máximo de dias (47.50) foi envolvido quando V_2 (vermicomposto @ 5.0 ton ha^{-1}) foi aplicado.

As interações não atingiram o nível de significância.

4.3.3 Nó em que surgiu a primeira flor masculina:

Os dados recolhidos em relação ao nó em que a flor masculina apareceu devido ao uso de vermicomposto de azoto e a sua interação foram apresentados no Quadro 4.17 e representados graficamente na Fig.-4.17.

Tabela-4.16 Mostrando os dias levados para o aparecimento da primeira flor

masculina como efeito de

nível de azoto, vermicomposto e sua interação.

Nitrogen (kg ha⁻¹)	Vermicompost (t ha⁻¹)			Mean
	0	2.5	5.0	
25	46.33	47.06	46.09	**46.50**
50	46.00	46.94	47.48	**46.81**
75	46.97	47.79	48.03	**47.60**
100	47.64	48.35	48.38	**48.12**
Mean	**46.74**	**47.54**	**47.50**	

	Nitrogen	Vermicompost	N × V
SEm±	0.251	0.177	0.434
C.D. (P=0.05)	0.735	0.520	N.S.

Tabela-4.17 Efeito do azoto, níveis de vermicomposto e sua interação no nó
em que apareceu a primeira flor masculina.

Nitrogen (kg ha⁻¹)	Vermicompost (t ha⁻¹)			Mean
	0	2.5	5.0	
25	8.67	9.39	9.49	**9.18**
50	9.17	10.12	11.15	**10.15**
75	10.68	10.43	11.64	**10.92**
100	10.85	12.31	12.81	**11.99**
Mean	**9.84**	**10.56**	**11.27**	

	Nitrogen	Vermicompost	N × V
SEm±	0.169	0.120	0.239
C.D. (P=0.05)	0.497	0.351	N.S.

Uma olhada na tabela indicou que a aplicação de nitrogênio acima mencionada trouxe influência significativa no nó em que a primeira flor masculina apareceu. A flor masculina foi observada no número de nós 11,99 na planta, que foi obtido por uma aplicação de nitrogênio @ 100 kg/ha.

Os dados analisados na tabela acima-4.17 também indicaram o resultado semelhante pela aplicação de vermicomposto como no caso do nível de nitrogénio, no entanto, neste caso a primeira flor masculina apareceu no número de nó 11.27.

As interações não atingiram o nível de significância.

4.3.4 Nó em que surgiu a primeira flor feminina:

Os dados recolhidos sobre o número de nós até à abertura da primeira flor pistilada como influência de vários níveis de azoto, vermicomposto e a sua interação foram apresentados no Quadro-4.18 e representados graficamente na Fig.-4.18.

Os dados fornecidos na tabela acima mostraram que vários níveis de nitrogênio influenciam significativamente no nó em que a primeira flor feminina apareceu. A flor feminina foi observada em (16.34) número de nó na planta que foi obtido por uma aplicação @ 100 kg ha^{-1} que foi o nível mais alto de nitrogénio entre os níveis de nitrogénio.

O uso de vermicomposto destacou a resposta significativa no número de nós para o aparecimento da primeira flor feminina, no entanto, foi necessário um grande número de nós para o aparecimento da flor feminina com o uso de 5,0 ton ha^{-1} vermicomposto.

O efeito da interação entre o azoto e o vermicomposto não foi significativo na expressão do número de nós até à abertura da primeira flor pistilada.

Tabela-4.18 Mostrando o impacto do azoto, do nível de vermicomposto e da sua interação no nó em que surgiu a flor pistilada.

Nitrogen (kg ha^{-1})	Vermicompost (t ha^{-1})			Mean
	0	2.5	5.0	
25	12.87	13.92	14.31	**13.70**
50	13.65	15.03	15.72	**14.80**
75	14.56	15.87	16.46	**15.63**
100	15.97	16.34	16.71	**16.34**
Mean	**14.26**	**15.29**	**15.80**	

	Nitrogen	Vermicompost	N × V
SEm±	0.169	0.120	0.293
C.D. (P=0.05)	0.497	0.351	N.S.

4.4 Atributos de qualidade:

4.4.1 Teor proteico:

Os dados obtidos em relação ao teor de proteína (%) na cabaça amarga devido à incorporação de azoto, vermicomposto e a sua interação foram referidos no Quadro-4.19 e representados graficamente na Fig.-4.19.

A análise crítica dos dados dispostos na tabela acima indicou obviamente que o teor de proteína foi significativamente aumentado pela aplicação de níveis de azoto e um aumento gradual da proteína foi obtido a partir de níveis mais baixos para níveis mais elevados de aplicação de azoto, no entanto, o teor máximo de proteína, ou seja, 1,66% foi observado pela aplicação de N3 (75 Kg/ha) seguido de N2.

Evidentemente, os dados observados na Tabela-4.19 acima também indicaram que o teor de proteína foi aumentado pelo uso de vermicomposto, a proteína máxima, ou seja, 1,66% foi registada quando V2 (5,0 ton ha^{-1}) vermicomposto foi aplicado.

O efeito interativo do nitrogénio x vermicomposto não marcou a significância no que diz respeito ao aumento do teor de proteínas na cabaça amarga, os dados analisados não destacaram o efeito interativo **N x V**.

Tabela-4.19 Influência do azoto, dos níveis de vermicomposto e da sua interação na Teor de proteínas na cabaça amarga.

Nitrogen (kg ha^{-1})	Vermicompost (t ha^{-1})			Mean
	0	2.5	5.0	
25	1.52	1.55	1.56	**1.54**
50	1.57	1.57	1.66	**1.60**
75	1.62	1.63	1.70	**1.65**
100	1.64	1.63	1.72	**1.66**
Mean	1.59	1.59	1.66	

	Nitrogen	Vermicompost	N × V
SEm±	0.013	0.009	0.023
C.D. (P=0.05)	0.038	0.027	N.S.

4.4.2 Teor de matéria seca:

Os dados registados relativamente ao conteúdo de matéria seca de frutos frescos em (%) de cabaça amarga como afetado pelo uso de azoto, vermicomposto e as suas interações foram tabulados no Quadro-4.20 e representados graficamente na Fig.-4.20.

É óbvio a partir dos dados que o conteúdo de matéria seca (%) em frutos frescos foi influenciado significativamente pela aplicação de nitrogénio @ 100kg ha^{-1} e foi obtida uma grande quantidade de matéria seca, ou seja, 8,75%.

A utilização de vários níveis de vermicomposto não se revelou eficaz e os dados relativos ao teor de matéria seca também se revelaram estatisticamente significativos.

A utilização de azoto x vermicomposto também não foi capaz de afetar o teor de matéria seca.

Tabela-4.20 Teor de matéria seca em (percentagem) influenciado pelo azoto, níveis de vermicomposto e sua interação.

Nitrogen (kg ha$^{-1)}$	Vermicompost (t ha^{-1})			Mean
	0	2.5	5.0	
25	8.19	8.20	8.47	**8.28**
50	8.43	8.40	8.45	**8.43**
75	8.42	8.48	8.55	**8.48**
100	8.65	8.76	8.85	**8.75**
Mean	**8.42**	**8.46**	**8.58**	

	Nitrogen	Vermicompost	N × V
SEm±	**0.095**	**0.067**	**0.165**
C.D. (P=0.05)	**0.279**	**N.S.**	**N.S.**

4.5 Economia:

Os dados calculados com base na economia da produção de frutos de cabaça amarga de diferentes combinações de tratamento foram apresentados no quadro 4.21 e os seus pormenores são apresentados no apêndice 21. O rendimento dos frutos (q/ha.), o custo de cultivo (Rs/ha.), o rendimento bruto (Rs/ha.) e o rácio custo-benefício são apresentados no quadro 4.22. Enquanto o custo comum de cultivo e o custo variável devido aos tratamentos são ilustrados no Apêndice 22.

4.5.1 Custo de cultivo (Rs./ha):

Os dados apresentados nos quadros indicam claramente que o custo mais elevado de cultivo (Rs 80696) foi envolvido na combinação de tratamento N V$_{42}$ (Nitrogénio 100 kg ha^{-1} +Vermicomposto 5 ton ha^{-1}) enquanto o custo mínimo de cultivo (Rs 54724) foi trabalhado com a combinação de tratamento N V$_{10}$ (Nitrogénio

25 kg ha^{-1} + sem vermicomposto).

4.5.2 Rendimento bruto (Rs./ha):

O rendimento bruto máximo de Rs 202510 foi obtido com a combinação de tratamento N4V2 (100 kg N ha^{-1} + vermicomposto 5 ton ha^{-1}) seguido de N V$_{41}$ que registou o rendimento bruto de Rs.190400/ha. O retorno bruto mínimo de Rs 13211/ha foi obtido com a combinação de tratamentos N V$_{10}$.

Quadro-4.21 Semeadura do efeito do azoto e do vermicomposto na economia da cultura (Rs./ha) da cabaça amarga

S. No.	Symbols	Treatments	Yield (q/ha)	Gross income (Rs.)	Cost of cultivation (Rs.)	Net return (Rs.)	Cost:Benefit ratio
1.	N_1V_0	Nitrogen @ 25 kg ha^{-1}	132.11	132110	54724	77386	1:1.41
2.	N_1V_1	Nitrogen @ 25 kg ha^{-1} + Vermicompost @ 2.5 tonnes ha^{-1}	140.57	140570	67224	73346	1:109
3.	N_1V_2	Nitrogen @ 25 kg ha^{-1} + Vermicompost @ 5 tonnes ha^{-1}	146.96	146960	79724	67236	1:0.84
4.	N_2V_0	Nitrogen @ 50 kg ha^{-1}	158.87	158870	55048	103822	1:1.89
5.	N_2V_1	Nitrogen @ 50 kg ha^{-1} + Vermicompost @ 2.5 tonnes ha^{-1}	166.85	166850	67548	99302	1:147
6.	N_2V_2	Nitrogen @ 50 kg ha^{-1} + Vermicompost @ 5 tonnes ha^{-1}	166.61	166610	70048	96562	1:1.38
7.	N_3V_0	Nitrogen @ 75 kg ha^{-1}	176.91	176910	55372	121538	1:2.19
8.	N_3V_1	Nitrogen @ 75 kg ha^{-1} + Vermicompost @ 2.5 tonnes ha^{-1}	181.71	181710	67872	113838	1:1.68
9.	N_3V_2	Nitrogen @ 75 kg ha^{-1} + Vermicompost @ 5 tonnes ha^{-1}	196.11	196110	80372	115738	1:1.44
10.	N_4V_0	Nitrogen @ 100 kg ha^{-1}	186.51	186510	55692	130814	1:2.35
11.	N_4V_1	Nitrogen @ 100 kg ha^{-1} + Vermicompost @ 2.5 tonnes ha^{-1}	190.40	190400	68396	122004	1:1.78
12.	N_4V_2	Nitrogen @ 100 kg ha^{-1} + Vermicompost @ 5 tonnes ha^{-1}	202.51	202510	80696	121814	1:1.51

4.3.1 Lucro líquido (Rs./ha):

O maior retorno líquido de Rs.121814/ha. foi obtido com a combinação de tratamento de N V_{42} (100 kg N/ha. + vermicomposto 5 ton ha^{-1}). O retorno líquido mais baixo de Rs. 77386/ha. foi obtido com a combinação de tratamento de N V_{10} (25 kg N/ha+ sem uso de vermicomposto).

4.3.2 Relação benefício/custo:

O rácio máximo de benefício: custo 2,35 foi registado com a combinação de tratamentos de N V_{40} (100 kg N ha^{-1} + Sem uso de vermicomposto) seguido de N V_{30} (75 kg N ha^{-1} + Sem uso de vermicomposto).

Capítulo V

DISCUSSÃO

A cabaça amarga *(Momordica charantia* L.) ocupa um lugar importante entre as culturas de cucurbitáceas devido à sua popularidade entre os produtores e consumidores na Índia. A cabaça amarga é uma cultura que adora nutrientes e responde à aplicação intensiva de nutrientes. No passado recente, a crescente sensibilização para uma agricultura ecológica e sustentável exige a melhoria da gestão integrada dos nutrientes, a fim de reduzir a aplicação de fertilizantes químicos nocivos e dispendiosos. A este respeito, os estrumes orgânicos podem constituir uma opção eficaz e duradoura como componente da gestão integrada dos nutrientes.

Nesta perspetiva, o presente projeto **"Estudos nutricionais sobre a cabaça amarga *(Momordica charantia* L.) com recurso a azoto e vermicomposto"** durante a estação de *Zaid* foi realizado na Estação Experimental Principal (Vegetable Science Farm), Universidade de Agricultura e Tecnologia Narendra Deva, Narendra Nagar (Kumarganj) Faizabad (U.P.) durante a estação de *Zaid* de 2010-11. As observações sobre os caracteres de crescimento vegetativo e o comportamento de frutificação fornecem informações aos produtores comerciais de produtos hortícolas.

Os resultados experimentais descritos no capítulo anterior são discutidos aqui com as causas prováveis e as provas de apoio sobre o assunto que podem ser disponibilizadas ao autor. A natureza da resposta obtida devido a diferentes tratamentos mostrou um efeito benéfico no crescimento, no rendimento e nos parâmetros de qualidade da cabaça amarga. Por uma questão de conveniência, toda a discussão foi categorizada em três grandes rubricas, de acordo com os objectivos, e narrada separadamente nas rubricas adequadas.

1. Determinar o impacto dos níveis de azoto no crescimento, rendimento e qualidade da cabaça amarga,

2. Descobrir a influência de diferentes níveis de vermicomposto no crescimento, rendimento e qualidade da cabaça amarga,

3. Investigar o efeito interativo do azoto e do nível de vermicomposto no crescimento, rendimento e qualidade da cabaça amarga,

4. Elaborar os custos económicos dos diferentes tratamentos.

5.1 condições climatéricas e crescimento das culturas:

As condições meteorológicas durante o período de inquérito foram bastante boas para o crescimento e o desenvolvimento da cultura, como é evidente pelo rendimento dos frutos da cabaça amarga. A temperatura, a pluviosidade, a humidade relativa e as horas de sol foram quase favoráveis ao crescimento e ao rendimento óptimos da cultura da cabaça amarga.

5.2 Efeito da gestão integrada de nutrientes:

O potencial de produção da cabaça amarga é afetado pelo clima (temperatura, precipitação, humidade atmosférica, intensidade e duração do fotoperíodo, estado do solo, disponibilidade de nutrientes essenciais e operações culturais). A produtividade da cultura depende da fotossíntese como efeito consequente destes factores e a área foi desenvolvida em virtude do seu crescimento vegetativo.

A taxa óptima de movimento do fotossintato das folhas (fonte) para o tecido recetor (sumidouro) é essencial para controlar a atividade fotossintética e também para a conversão da biomassa em rendimento económico.

A produtividade das culturas também depende da associação benéfica dos micróbios do solo que estão disponíveis em torno do sistema radicular das plantas. O sistema radicular das plantas é um sistema muito complexo no qual o efeito das plantas nos microrganismos do solo e o efeito dos microrganismos nas plantas estão em interação.

O papel das minhocas na decomposição de resíduos orgânicos na superfície do solo e no processo de revolvimento do solo foi destacado pela primeira vez por Darwin (1981). Desde 1978, tem havido um interesse crescente em possíveis métodos de processamento de resíduos orgânicos utilizando minhocas para produzir adições valiosas ao solo. A vermicompostagem é a aplicação de minhocas na produção de vermicomposto, o que ajuda a manter um ambiente melhor e resulta numa agricultura sustentável (Senapathi, 1996). As minhocas podem consumir praticamente todos os tipos de resíduos orgânicos, consumindo duas a cinco vezes o seu peso corporal e depois de utilizarem 5-10 por cento do stock do campo para o seu crescimento. Excretam matéria não digerida revestida de muco, que é utilizada na agricultura porque os seus efeitos sobre a dinâmica dos nutrientes e a estrutura física do solo podem aumentar significativamente o crescimento das plantas e conservar um melhor estado do solo.

A qualidade do vermicomposto produzido a partir de resíduos orgânicos depende muito do material original que foi utilizado. Não se pode esperar que um produto com excelentes qualidades fertilizantes seja obtido a partir de material de qualidade inferior (Albonell *et al.* 1988). Os resíduos têm um potencial bioativo superior que contém o crescimento das plantas (Tomati *et al.*, 987). Os excrementos ou a terra das minhocas são ricos em nutrientes, *nomeadamente* N, P, K, Ca e Mg (Gunathaliagaraj, 1994), para além de fornecerem às plantas os nutrientes mais disponíveis. Os reguladores de crescimento das plantas pertencentes aos grupos das auxinas, giberelinas e citocininas presentes nos materiais trabalhados pelas minhocas são produzidos por uma vasta gama de microrganismos do solo, muitos dos quais vivem dentro dos moldes. Ismail, 1983 relatou um rendimento significativamente mais elevado de joaninha, pimentão e melancia por aplicação de vermicomposto do que F.Y.M.

Os nutrientes desempenham um papel importante na produção de culturas hortícolas, tendo-se verificado que a maioria das culturas hortícolas são anuais, com raízes pouco profundas e de curta duração, exigindo um fornecimento imediato de nutrientes para o seu crescimento e desenvolvimento iniciais. Além disso, a colheita das culturas hortícolas é feita quando estas são fisiologicamente imaturas e contêm grande quantidade de humidade, o que acaba por garantir a suculência e a boa qualidade do produto.

O azoto é considerado um dos principais nutrientes e tem um papel único no crescimento e desenvolvimento das plantas. O azoto desempenha um papel vital no crescimento e desenvolvimento das plantas por ser parte integrante da clorofila, dos blocos de construção das proteínas do corpo da planta, do ácido nucleico, das purinas, das pirimidinas e de várias enzimas.

Crescimento

O crescimento das plantas é um processo dinâmico e é afetado pela interação complexa entre factores ambientais e processos fisiológicos. O crescimento das plantas tem várias fases, desde a ativação do embrião até à maturação da semente ou à colheita final.

Influência do azoto inorgânico nos atributos de crescimento:

No presente estudo, os caracteres de crescimento foram significativamente melhorados com cada nível sucessivo de azoto aplicado. A resposta máxima foi observada para os parâmetros de crescimento no nível mais alto de azoto ($N4$) i.e. 100kg N ha^{-1} . Isto pode ser devido ao facto de que o fornecimento adequado de azoto é essencial para um crescimento vegetativo vigoroso (Tisdalle *et aZ*.1985). O azoto, sendo constituinte do protoplasma e o seu efeito favorável no teor de clorofila das folhas, resulta num aumento da síntese de hidratos de carbono.

O rápido alongamento das células devido a um azoto adequado parece ser a causa desta influência favorável do azoto no crescimento das plantas. Milthorpa e Moorby (1979) sugeriram que as células se alongam extensivamente ao longo do eixo principal, levando ao crescimento dos entrenós e ao aumento do comprimento da videira principal. Resultados semelhantes com a aplicação de N também foram relatados por Spirescu 1986 em melancia, Al-shahaf e Al-khafagi (1980) em pepino e Suresh e Pappiha (1991) em cabaça amarga Singh (1983).

Influência do azoto orgânico nos atributos de crescimento:

O vermicomposto tem uma influência significativa nos parâmetros de crescimento, o comprimento da videira, o número de ramos e o número de folhas aumentam significativamente com o aumento dos níveis de vermicomposto, sendo mais elevados com 5 toneladas ha^{-1} , da mesma forma a produção de matéria seca mostrou um aumento progressivo com cada nível sucessivo de vermicomposto em todas as fases de crescimento da cultura, sendo máxima com 5 toneladas ha^{-1} . O vermicomposto contém maiores quantidades de azoto total e disponível, matéria orgânica, cálcio total e permutável, magnésio, potássio e fósforo disponível (Joshi 1992). O vermicomposto também contém promotores de crescimento de plantas e vitaminas do grupo B e o seu efeito no crescimento foi semelhante ao efeito do I.A.A. (Neilson, 1965). Isto pode ter resultado num maior comprimento da videira, número de ramos e folhas que eram os locais de atividade fotossintética, aumentando assim as quantidades de fotossintatos e maior produção de matéria seca. (Kale *et al.*, 1987; Baphna, 1992; Desai, 1992).

Influência do azoto inorgânico na floração:

A presente investigação revelou que houve diferenças significativas nos dias para o aparecimento da primeira flor masculina e feminina e no nó em que apareceram as primeiras flores masculinas e femininas com a aplicação de azoto inorgânico. A floração atrasada e o aparecimento de flores masculinas e femininas em nós mais altos foram notados com a aplicação de doses mais altas de azoto (100kg ha^{-1}). Isto pode ser devido ao aumento da disponibilidade de azoto com o aumento da aplicação de azoto inorgânico que prolonga o período de crescimento vegetativo. O aparecimento retardado da primeira flor feminina também foi relatado por Parikh e Chandra (1969) em pepino com dose elevada de azoto e Schutheis (1994) em melancia Pandey e Singh (1974) Singh (1983) em cabaça de garrafa.

Influência do azoto orgânico na floração:

A observação crítica sobre os dias necessários para a floração de machos e fêmeas também foi significativamente afetada por vários vermicompostos de cabaça amarga que utilizaram o dia máximo quando foram aplicados 100 kg^{ha}. Isto pode ser provavelmente devido ao facto de a dose mais elevada de nutrientes ter aumentado os parâmetros de crescimento com uma área fotossintética mais elevada para uma maior produção e translocação de foto assimilados, o que acabou por atrasar a fase de reprodução do nó de maior número em que o macho e a fêmea florescem. Resultados semelhantes foram também registados por Pandey e Singh (1973), Arora e Siyag (1989), Som *et al.* (1986).

Rendimento e atributos do rendimento:

Os efeitos benéficos do composto de vermes e do azoto sobre os caracteres de crescimento da cabaça amarga, nomeadamente o comprimento da videira, o número de ramos e a produção de matéria seca, reflectiram-se subsequentemente em atributos de rendimento como o número de frutos por peso de videira e o volume de frutos.

Influência do azoto inorgânico no rendimento e nos atributos de rendimento:

Os diferentes níveis de azoto tiveram um efeito significativo no número de frutos por videira, no peso e no volume dos frutos. (Quadro 4)

A aplicação de 100 kg N ha registou o maior número de frutos por peso de videira e volume de frutos. Níveis crescentes de azoto inorgânico aumentaram a produção de frutos por hectare, o que pode ser atribuído à variação dos componentes que contribuem para o rendimento, como o número e o volume de frutos, que, em última análise, decidem o rendimento. O crescimento vigoroso produziu frutos saudáveis. Os frutos saudáveis têm um tamanho máximo e um peso superior (Brinen *et al.* 1979). O aumento do crescimento vegetativo e a relação C:N equilibrada podem ter aumentado a síntese de hidratos de carbono; um nível mais elevado de azoto pode ter criado condições favoráveis para a síntese de auxinas, induzindo um maior número de flores femininas (Avery et al. 1973), o que resulta num maior número de frutos por videira; resultados semelhantes também foram relatados por Deshi *et al.* (1965) em cabaça amarga, Som *et al.* (1986) em melancia, Das *et al.* (1987) em cabaça pontiaguda com azoto.

Influência do azoto orgânico no rendimento e nos atributos do rendimento

No âmbito da presente investigação, verificou-se uma influência acentuada de vários níveis orgânicos nos atributos de rendimento da cabaça amarga. Registou-se um aumento significativo do comprimento dos frutos, da largura dos frutos e do peso dos frutos. O volume dos frutos foi registado sob azoto a 5 toneladas de vermicomposto/ha. A razão provável para o aumento favorável dos atributos de rendimento devido à aplicação de azoto orgânico pode ser atribuída a um sistema radicular bem desenvolvido que, em última análise, resultou num sistema vegetal saudável (Kulkarni *et al.* 1996).

A aplicação de adubos orgânicos pode ter aumentado significativamente a disponibilidade de macro e micro nutrientes nativos e aplicados no solo, como consequência do aumento do peso líquido dos frutos. Isto pode também dever-se a uma melhor proliferação das raízes, que absorvem nutrientes e água. Um maior número de folhas permite uma fotossíntese abundante e uma melhor acumulação de alimentos.

A elevada adequação da dose mais elevada de vermicomposto que aumentou os atributos de rendimento através de um melhor crescimento vegetativo. Melhor disponibilidade de nutrientes no período vital de crescimento e maior síntese de hidratos de carbono e a sua transação para os órgãos em fase de crescimento.

A vasta literatura sobre este pacto está incompletamente de acordo com as conclusões de Singh e Krishnamohan (2007), Kulkarni *et al.* (1996), Gupta (1996) e Gunathilagaraj (1996).

Efeito do azoto inorgânico nos atributos de qualidade:

A influência significativa do azoto inorgânico nos atributos de qualidade com a aplicação de azoto inorgânico a 100 kg ha^{-1} . Foi registada a percentagem máxima de proteína e de matéria seca, o que se reflecte principalmente no processo de fotossíntese da planta e no aumento dos atributos de qualidade.

O aumento do teor qualitativo pode dever-se ao aumento da eficiência dos inoculantes microbianos na fixação do azoto atmosférico e à secreção de substâncias promotoras de crescimento que aceleram o processo fisiológico, como a síntese de hidratos de carbono Palitenskaya *et al.* (1985), Thakur *et al.* (1991), Bahadur *et al.* Sharma e Sharma (2006).

Influência do azoto orgânico nos atributos de qualidade:

A qualidade da cabaça amarga também foi melhorada pelo uso de composto de vermes. O valor máximo do componente de qualidade com @ 5 ton-ha, que foi significativamente maior do que outras doses mais baixas. O azoto orgânico desempenha um papel direto ou indireto no equilíbrio dos nutrientes, o que é mais responsável pela melhoria do parâmetro de qualidade. Resultados semelhantes também são relatados por Pathak e Ram (2003), que trabalham principalmente no processo de fotossíntese da planta e no aumento dos componentes de qualidade.

Economia dos frutos da cabaça amarga

A aceitação de qualquer recomendação agrícola dependerá principalmente da sua relação benefício/custo e as recomendações relativas à gestão científica das culturas não serão adoptadas pelos agricultores a menos que os tratamentos sejam economicamente viáveis. A análise económica da utilização combinada de diferentes tratamentos/níveis de N e níveis de vermicomposto no presente estudo mostrou que o custo mais elevado de cultivo foi obtido com o tratamento $N4V_2$ (100 kg ha^{-1} + 5 toneladas de vermicomposto ha^{-1}). Isto deveu-se principalmente ao aumento dos factores de produção, bem como ao aumento do custo do adubo orgânico. No entanto, o retorno bruto máximo foi obtido no tratamento N4V2 (100 kg N ha^{-1} + 5 toneladas de vermicomposto ha^{-1} . Isto pode ser atribuído à maior produção de frutos de cabaça amarga sob esta combinação de tratamentos. O retorno líquido e o rácio benefício:custo foram registados como elevados com a utilização de N3V2 (75 kg N ha^{-1} + 5 toneladas de vermicomposto ha^{-1}). Estes resultados também coincidem com as conclusões de Meera Bai (2004).

Capítulo-VI

RESUMO E CONCLUSÃO

Este capítulo enumera a síntese completa e a extração das provas experimentais dos trabalhos de investigação tratados nos capítulos anteriores. O presente projeto de investigação, intitulado **"Estudos nutricionais da cabaça amarga com azoto inorgânico e vermicomposto sobre o crescimento, o rendimento e a qualidade" da cabaça amarga** *(Momordica charantia)*, foi realizado na época de *Zaid* de 2010-11 na principal estação experimental (Vegetable Research Farm) da Universidade de Agricultura e Tecnologia Narendra Deva, Narendra Nagar (Kumarganj), Faizabad (U.P.). A experiência envolveu doze combinações de tratamentos, *nomeadamente* T_1 (25 kg de azoto ha^{-1}), T_2 (25 kg de azoto ha^{-1} + 2,5 toneladas de vermicomposto ha^{-1}), T3 (25 kg de azoto ha^{-1} + 5 toneladas de vermicomposto ha^{-1}), T4 (50 kg de azoto ha^{-1}), T_5 (50 kg de azoto ha^{-1} + 2.5 ton vermicomposto ha^{-1}), T6 (50 kg Azoto ha^{-1} + 5 ton vermicomposto ha^{-1}), T7 (75 kg Azoto ha^{-1}), T8 (75 kg Azoto ha^{-1} + 2.5 ton vermicomposto ha^{-1}), T9 (75 kg Nitrogênio ha^{-1} + 5 ton vermicomposto ha^{-1}), T_{10} (100 kg Nitrogênio ha^{-1}), T_{11} (100 kg Nitrogênio ha^{-1} + 2,5 ton vermicomposto ha^{-1}) e T_{12} (100 kg Nitrogênio ha^{-1} + 5 ton ha^{-1}) as combinações de tratamentos foram replicadas três vezes em um delineamento em blocos casualizados com conceito fatorial. A cultivar utilizada para esta investigação foi a NDBT-5.

Metade da quantidade de ureia na forma de nitrogénio e toda a quantidade de vermicomposto, de acordo com os tratamentos, foram aplicadas como dose basal e a restante metade da dose de nitrogénio foi aplicada em cobertura, de acordo com o tratamento, 30 e 45 dias após a germinação. O efeito dos níveis de nitrogénio e vermicomposto e a sua interação foram observados

no crescimento, rendimento e qualidade, caracteres fenológicos. Os principais resultados obtidos durante a experimentação são os seguintes

Efeito do azoto inorgânico no crescimento, rendimento e atributos de qualidade:

O efeito dos níveis de azoto inorgânico foi avaliado em todas as caraterísticas de crescimento, rendimento e parâmetros de qualidade e os valores máximos em relação aos caracteres estudados foram observados a 100 kg N ha^{-1} . A aplicação de 100 kg de azoto ha^{-1} melhorou significativamente todos os caracteres de crescimento, rendimento e parâmetros de qualidade, em comparação com outras doses inferiores.

É evidente a partir dos resultados apresentados no capítulo seguinte e registados que foram necessários dias mínimos (5,33) para a germinação com a utilização de 100 kg N ha$^-$ 1.

- ➢ A aplicação de azoto a 100 kg ha^{-1} incentivou o aumento do comprimento da videira aos 20, 40 e 60 dias após a germinação, em comparação com a aplicação de 75 kg N ha^{-1} .
- ➢ O azoto influenciou significativamente o número de ramos por planta, ou seja, (4,59) (22,64) e (33,59) aos 20, 40 e 60 dias após a germinação quando o azoto @ 100 kg N ha^{-1} foi aplicado seguido de 75 kg N ha^{-1} .
- ➢ Também foi observado que o número máximo de folhas, ou seja, 117,12, foi obtido quando 100 kg de N ha^{-1} foi aplicado.
- ➢ O comprimento máximo do fruto (14,88 cm), o peso do fruto (71,09 g), a largura do fruto (3,58 cm) e o número de frutos (5,38) foram observados com o uso de 100 kg de N ha^{-1} .
- ➢ A utilização de 100 kg N ha^{-1} teve uma influência significativa no nó em que apareceram as primeiras flores masculinas e femininas. A flor masculina

apareceu no número de nó 11,99 e a flor feminina apareceu no número de nó 16,34 na planta.

➢ Efeito significativo nos dias levados para a primeira flor masculina e feminina e a flor masculina apareceu em (48,12) dias e a flor feminina apareceu em (55,54) após a germinação na planta pela incorporação de nitrogênio de nitrogênio @ 100 kg ha^{-1} que foi o nível mais alto de nitrogênio entre o tratamento.

➢ A incorporação de azoto teve um impacto tangível na produção de rendimento por planta e o rendimento máximo, ou seja, 2,82 kg/planta, foi registado quando se aplicou 100 kg N ha^{-1} seguido de 75 kg N ha^{-1} .

➢ A maior produção de frutos (193,94) q ha^{-1} foi obtida quando o azoto foi aplicado a 100 kg ha^{-1} seguido dos restantes tratamentos.

➢ O teor de proteínas aumentou significativamente com o aumento da aplicação de azoto e o teor máximo de proteínas (1,66%) foi observado na dose mais elevada de azoto (100 kg ha^{-1}).

➢ O teor de matéria seca (%) nos frutos frescos foi influenciado significativamente pela utilização de azoto a 100 kg ha^{-1} e foi obtida uma grande quantidade de matéria seca, ou seja, 8,75 %.

Efeito do vermicomposto no crescimento, rendimento e qualidade:

A aplicação de vermicomposto @ 5 ton ha^{-1} causou uma influência benéfica em todos os parâmetros. Os valores máximos foram registados com a aplicação da dose mais elevada de vermicomposto em comparação com a dose mais baixa.

➢ Foi notado um impacto significativo e melhor do vermicomposto e foi registado que pela incorporação de vermicomposto @ 5 ton ha^{-1} o comprimento máximo de rebento foi notado aos 20, 40 e 60 dias após a germinação 56.19 cm 1.35 m e 1.89 m respetivamente do que outros tratamentos.

➢ Vermicomposto @ 5 ton ha^{-1} influenciou o número de ramos secundários por planta aos 20, 40 e 60 dias após a germinação 4,59, 19,70 e 30,60 respetivamente, o que foi melhor do que o resto dos tratamentos.

➢ O uso de vermicomposto foi considerado mais benéfico e um grande número de folhas foi obtido (106,05) pela aplicação de vermicomposto @ 5,0 ton ha^{-1} .

➢ Influência significativa no comprimento do fruto (14,25 cm), peso do fruto (75,11 g), largura do fruto (3,30 cm) e número de frutos/vinha (5,38) foram observados pela incorporação de vermicomposto @ 5 ton ha^{-1} .

➢ A produção de frutos por planta foi afetada significativamente e 2,62 kg de frutos por planta foram observados quando 5 ton ha^{-1} vermicomposto foi usado.

➢ Uma aplicação de vermicomposto @ 5 ton ha^{-1} causou uma produção máxima de frutos (178,05 q ha^{-1}).

➢ Efeito significativo nos dias necessários para o aparecimento da primeira flor masculina e feminina. A flor masculina apareceu aos (48,12) dias e as flores femininas apareceram (54,60) dias na planta e isso foi devido à incorporação de vermicomposto @ 5 ton ha^{-1} .

➢ A aplicação de vermicomposto @ 5 ton ha^{-1} deu uma melhoria significativa nas primeiras flores masculinas e femininas que apareceram num grande número de nós.

➢ A incorporação de vermicomposto @ 5 ton ha^{-1} observou o valor máximo de proteína i.e., 1.66% que é o melhor.

➢ O valor máximo de matéria seca (8,75%) foi registado com o uso de vermicomposto @ 5 ton ha^{-1} que foi mais elevado do que os outros tratamentos restantes.

➢ **Efeito combinado dos níveis de azoto e vermicomposto (NxV):**

No entanto, os efeitos interactivos não foram significativos, mas o número de folhas por planta e o peso por fruto foram significativamente influenciados pela utilização de 100 kg N ha^{-1} + 5 ton ha^{-1} vermicomposto.

Conclusão

Assim, os resultados acima resumidos justificam as seguintes conclusões específicas

> A aplicação de azoto inorgânico a 100 kg N ha^{-1} sob a forma de ureia pode ser recomendada para assegurar um maior crescimento, rendimento e parâmetros de qualidade da cabaça amarga.

> A incorporação de vermicomposto @ 5 ton ha^{-1} causou uma resposta benéfica no crescimento, rendimento e atributos de qualidade da cabaça amarga e os valores máximos foram observados com a aplicação de 5 ton ha^{-1}. A fim de garantir uma grande quantidade de produção de frutos e outros parâmetros, pode ser recomendada a utilização de 5 toneladas ha^{-1} de vermicomposto.

> De acordo com a economia do tratamento, verificou-se que a relação custo-benefício máxima, ou seja, 2,35, foi obtida com a utilização de 100 kg N ha^{-1}, portanto, para uma cultura remuneradora de cabaça amarga, pode ser recomendada uma aplicação de 100 kg N ha^{-1}.

Capítulo -VII

BIBLIOGRAFIA

Alan, R. (1984). Efeito da concentração de azoto no crescimento, rendimento e caraterísticas do fruto do pepino em cultura de solução. *Dogo Bilim Dergisib,* **B28**:285- 29.

Aldag, R. e Graft, O. (1975). Fraktionen in Region Warm IOS UNG e DERNARS Pedobilogia, 15:151-153.

Al-Sahaf, F.M. e Al- Khafagi, B.G.M. (1990). Influência da concentração de azoto, fósforo e potássio no crescimento e rendimento do pepino em cultura de areia. *Anais da Ciência Agrícola do Cairo,* **35**(1):383-391.

Arora, S.K. e Siyad (1989). Efeito do azoto (N) e do fósforo (P) no crescimento, floração e expressão sexual da cabaça-esponja. *Haryana Journal of horticultural science,* **18** (1-2):106-112.

Avery, G.S.; Burkholder, P.R. e Creigtion, H.B. (1973). Deficiência de nutrientes e concentrações de hormonas de crescimento em Helianthus e Nicotiana. *American Journal of Botany,* **24**:553-555.

Baphna, P.D. (1992). Agricultura biológica em Sapota. Actas do Seminário Nacional sobre agricultura biológica. Mahatma Phule Krishi Vidyapeeth, Faculdade de Agricultura de Pune, pp.55-57.

Baswana, K.S. e Yadav, A.C. (2005). Effect of different levels of irrigation on yield, consumptive use and water use efficiency of Round gourd. *Haryana Journal of horticultural sciences.* **33**(1-2): 116-118.

Bhella e Wilcoxge (1986). Influência da cal e do azoto na acidez do solo, estado nutricional, crescimento vegetativo e rendimento do melão. *Jornal da Sociedade Americana de Ciências da Horticultura,* **114** (4): 606-610.

Bose, T.K. e Som, M.G. (1976). Edited vegetable crops in India, pp. 19-164 Naya Prakash Calcuta.

Daljeet Singh; Mangal, J. L. e Pandita, M.L (1982). Efeito da poda, espaçamento e níveis de fertilizantes na floração, frutificação, rendimento e qualidade do melão. *Haryana Agriculture University Journal of Research* **12** (1): 64-68.

Darwin, C.R. (1981). Formation of vegetable mould through the action of worms with observation on the habits, John Murray, Londres, pp. 326.

Das, M.K.; Maity, T.K. e Som, M.G. (1987). Growth and yield of Pointed gourd *(Trichosanthes dioica* Roxb.) as influenced by nitrogen and phosphorus fertilizers. *Veg. Sci.,* **14**(1):18-26.

Desai, N.S.; Padda, D.S.; Kumar, J.C. e Malik, B.S. (1965). Resposta da cabaça amarga à fertilização com azoto, fósforo e potássio. *Indian of Journal of agriculture,* **23**:169-171.

Deswal, I.S. e Patel, S. (1984). Efeito do NPK na produção de frutos de melancia. *J. Maharashtra Agri. University,* **9**: 308-309.

El-Hassan, E.A.A. (1991). Efeito da forma e dos níveis de fertilizante na qualidade do rendimento e na absorção de nutrientes do Pepino de Casa de Plástico. *Boletim da Faculdade de Agricultura do Cairo,* 4z (z): 377-400.

Hassan, M.A.; Sasidhari, V.K. e Peter, K.V. (1984). Efeito de doses graduadas de azoto, fósforo e potássio no crescimento e rendimento do melão de conserva oriental *(Cucumis melo* Var. *conomon). Agric. Res. J. Kerala,* **22**:43-47.

Hedge, D.M. (1987). Efeito da irrigação e da fertilização com N na produção de matéria seca, na produção de frutos, na absorção de minerais e na eficiência do uso da água no campo da melancia. *International Journal of Tropical Agriculture,* **5**:3-4.

Jassal, N.S.; Randhawa, K.S. e Nandpuri, K.S. (1970). Um estudo sobre o efeito da irrigação e de certas doses de N, P e K no peso dos frutos e na produção de melão almiscarado *(Cucumis melo* L.). *Punjab Horticulture Journal,* **10**:143-149.

Jassal, N.S.; Randhawa, K.S. e Nandpuri, K.S. (1972). Estudos sobre a influência da irrigação e de diferentes doses de N, P e K no comportamento da floração e na absorção de nutrientes em melão almiscarado *(Cucumis melo* L.). *J. Res., P.A.U. Ludhiana,* **91**(2):240-241.

Kale, R.D., Banok, Sreenivas, M.S. e Bhagyaraj, D.J. (1987). Influência da casta de minhocas (VEE:EUAS83) no crescimento e colonização micorrízica de duas plantas ornamentais. *South Indian Horticulture,* **35**: 433-437.

Kulkarni, B.S.; Nalawadi, U.G. e Giraddi, R.S. (1966). Efeito do vermicomposto e da vermicultura no crescimento e rendimento da China após (*Callistephus chinensis* Nees) cv. Pluma de avestruz misturada. *South Indian Horticulture,* **44**(1-2): 33-35.

Meerabai, M.; Jayachandran, B.K. e Asha, K.R. (2007). Biofarming in Bitter gourd *(Momordca charantia* L.). *Ata Horticulture Journal,* 752:349-352.

Mulani,T.G.; Musmade, A.M.; Kadu, P.P e Mangave, K.K. (2007). Efeito de adubos orgânicos e biofertilizante no crescimento, rendimento e qualidade da cabaça amarga *(Momordica charantia* L.) CV. Phule Green Gold. *Journal of soil and crops,* **17**(2): 258-261.

Mulge Laxman Kukanoor; Shatappa Tirakananavar; Shekhar Gouda, M.; Reddy, B.S; Mer Wade e Ravindra, M.N. (2005). Influência do NPK no crescimento e na produção de sementes de cabaça amarga *(Momordica charantia* L.). *Journal of Asian Horticulture,* **2**:40-44.

Olaniyi, J.O. e Odedere, M.P. (2009). O efeito do fertilizante mineral N e do composto no crescimento, rendimento e valores nutricionais da abóbora canelada *(Telfairia occidentalis)* no sudoeste da Nigéria. *Journal of animal plant Science,* **5**(1): 443-449.

Palakbhunia Mandai, A.R. (2009). Influência da irrigação e da gestão de nutrientes no crescimento e rendimento da cabaça amarga *(Momordica charantia* L.) nas condições de Bengala Ocidental. *Indian Agriculturist,* **53**(314): 92-96.

Pandey, R.P. e Singh, K. (1973). Nota sobre o efeito da hidrazida maleica de azoto na expressão sexual e no rendimento da cabaça de garrafa (*Lagenaria siceraria* moli. Standl) Indian journal of Agriculture science, **43**:(9) 482-488.

Patil, S.K.; Desai, U.T.; Pawar , B.G. e Patil B.J. (1996). Efeito da dose de NPK no crescimento e rendimento da cultivar de cabaça de garrafa Samrat. *J. Maharastra Agri. Uni.,* **21**:65-67.

Paulraj, C. e Sree Ramulu, U.S. (1994). Efeito da aplicação no solo de níveis de lamas de depuração urbanas na absorção de nutrientes e na produção de determinados vegetais. *J. Indian Society of Soil,* **42**(2):485-487.

Politenskaya, V.V. (1985). Effect of fertilizer on Cauliflower growth and Productivity (Efeito do fertilizante no crescimento e produtividade da couve-flor). *Referativnji Zhumal,* 1155:444.

Rajendran, P.C.; Gopal Krishnan, P.K.; Gopal Krishnan, T.R. e Peter, K.V. (1983). Efeito de doses graduadas de N, P e K no rendimento da abóbora (*Cucurbita poir). Agric. Res. Kerala,* **21**:51-54.

Rakhi, S.S.; Nandpuri, K.S. e Singh, H. (1968) Influência da aplicação de fertilizantes na expressão sexual do melão Musk. *Journal of Research Punjab Agricultural University, Ludhiana,* **5**:199-202.

Rao, H.M. e Srinivas K.S. (1990). Effect of different levels of N P and K on petiole and leaf nutrients and their relationship to fruit yield and quality in musk melon. *Indian Journal of Horticulture Science,* **47**(2): 250-255.

Ray Chaudhary, A; Mitra, S.K. e Bose, T.K. (1989). Efeito de diferentes nitrogénio, fósforo, potássio, magnésio, cálcio e ferro no crescimento e rendimento da cabaça redonda *(Citrulus vulgaris). Indian J. Hort.,* **41**:265-272.

Reddy, P.K. e Rao, P.V. (2004). Crescimento e rendimento da cabaça amarga *(Momordica charantia L.)* influenciados por práticas de gestão de vermicomposto e azoto. *Jornal de Investigação ANGRAU,* **32**(3):15-20.

Samalo, A.P. e Parida, P.B. (1983). Cultivation of Pointed gourd in Orissa (Cultivo de cabaça pontiaguda em Orissa). *Indian Fmg.,* **23**:29-31.

Schutheis, J.R e Dufault R.J. (1994). Crescimento das plântulas de melancia, produção e qualidade dos frutos em função do estado nutricional antes do transplante. *Hort. Sci.,* **29**(11): 1264-1268.

Senapati, B.K. (1996). Actas e recomendações sobre o seminário nacional sobre agricultura biológica para uma agricultura sustentável, 187-189.

Seshadri, V. (1986). Cucurbits In: Bose, T.K. e Som, M.G. Edited Vegetable crops in India. pp. 91-164 Naya Prakash Calcutta.

Sharma, R.P.; Sharma, A. e Sharma, J.K. (2005). Produtividade, absorção de nutrientes, fertilidade do solo e economia afectados por fertilizantes químicos e FYM em Brócolos (**Brassica oleracea** L. var. italica) num Entisol. *Indian Journal of Agricultural Sciences,* **75**(9): 576-579.

Shekhar gouda, S.T.; Reddy, M.; Marwada, B.S.; Ravindra, M.N. e Kukanoorg,

M.L (2005). Influência do NPK no crescimento e na produção de sementes de cabaça amarga *(Momordica charatia)*. *Journal of Asian Horticulture,* **2**(1/2):40-44.

Shukla, V. e Gupta, A. (1980). Nota sobre o efeito dos níveis de fertilizante de azoto e fósforo no crescimento e rendimento da abóbora. *Indian J. Hort.,* **37**:161162.

Singh, D.N e Chhonker, V.S (1986). Effect of nitrogen, phosphorus, potassium and spacing on growth and yield of muskmelon *(cucumis milo L.)*. *Indian Journal of Hort. Culture,* **43** (3-4): 265-269.

Singh, K.P. e Mohan Kumar, K. (2007). Gestão integrada de nutrientes para a produção sustentável de cabaça pontiaguda em Ganga diara de Bihar. *Asian Journal of Horticulture*, **2**(1):99-101.

Singh, R.P. (1983). Resposta de diferentes variedades de cabaça de garrafa (*Lagenria Siceraria* Mol.) a vários níveis de azoto em condições de leito de rio (diara). M.Sc.(Ag.). Tese apresentada ao N.D.U.A.&T. Faizabad (U.P.).

Singh, R.V. e Naik, L.B. (1989). Resposta da melancia *(Citrulls lenatus.)* à densidade de plantas, fertilização com azoto e fósforo. *Indian J. Hort.,* **46**:80-83.

Singh, V. and Gupta, A. (1980) Note on the effect of levels of nitrogen and phosphorus fertilization on growth and yield of Squash. *Indian J. Hort.,* **37**:161-162.

Smith, M.W. (1991). Humidade do solo e perfil de azoto de uma cultura de melancia. Boletim técnico no território do Norte. Departamento de Indústria Primária e Pescas, pp.178-189.

Som, M.G.; Biswas, O., e Maity, T.K. (1986) Effect of nitrogen and Phosphorus on Citrullus vulgaris. Abst.22nd Int. Hort. Congr. Califórnia No. 509.

Spirescu (1994). Adubação química de melancias cultivadas em areia no sul da Roménia bulethinul inflormative at Academicide stunte agricole sisilvice No.16: 115-126.

Srinivas, K. e Doijode, S.D. (1984). Efeito da nutrição principal na expressão sexual em muskmelon. *Prog. Hort.,* **16**:113-115.

Srinivas, K. e Prabhaker, B.S. (1984). Resposta do melão almiscarado *(Cucumis melo)* a vários níveis de fertilizante e espaçamento Singapura, Indústrias primárias **12**:5561.

Suresh, J. e Pappaiah, C.M. (1989). Crescimento e rendimento da cabaça amarga influenciados pelo azoto, fósforo e hibrazida maleica. *South Indian Hort.,* **39**:89-91.

Thakur, O.P.; Sharma, P.P. e Singh, K.K. (1991). Effect of nitrogen and phosphorus with and without born on curd yield and stalk root incidence in Cauliflower. *Veg. Sci.,* **18**(2): 115-121.

Tomati, U. E. (1987). In: sobre minhocas Mucchi Editare. Moderna. Itália, pp. 423435.

Umamaheswarappa, P.; Krisnaappa, K. S.; Murthy, P.V.; Muthu, M.P e Nagarajappa, A. (2005). Efeito de vários níveis de azoto, fósforo e potássio nos caracteres dos frutos e na absorção de N, P e K pelas plantas de pepino *(Cucumis satvus. L.)* cv. Painsette. *Crop Res.,* **30**:187-191.

Umamaheswarappa, P; Krishnappa, K.S.; Muthu, M.P.; Gowda, V.M. e Murthy, P.V. (2002). Floração, frutificação, tamanho do fruto e rendimento da cabaça de garrafa em relação a níveis variáveis de N, P e K na região seca do sul de Karnataka. *South Indian Hort.,* **50**:404-413.

Yadav, T.P.; Mishra, R.S. e Mishra, H.R. (1993). Efeito de vários níveis de azoto e fósforo no rendimento da cabaça pontiaguda *(Trichosanthes dioica* roxb.). *Veg. Sci.,* **20**:114-117.

Apêndice-1
Análise de variância dos dias necessários para a germinação em função dos níveis de azoto,
***vermicomposto* e interação da cabaça amarga.**

Source of variation	d.f.	Sum of square	Mean Sum of square	F. ratio
Replications	2	1.17	0.59	3.44
Nitrogen	3	6.30	2.10	3.05
Vermicompost	2	0.17	0.083	3.44
N×V	6	1.61	0.27	2.55
Error	22	5.50	0.25	
Total	35	14.75		

Apêndice-2

Análise de variância do comprimento do rebento principal aos 20 dias em função dos níveis de azoto, *vermicomposto* vermicomposto e da interação da cabaça amarga.

Source of variation	d.f.	Sum of square	Mean Sum of square	F. ratio
Replications	2	1.30	0.65	3.44
Nitrogen	3	197.31	65.77	3.05
Vermicompost	2	57.40	28.70	3.44
N×V	6	27.69	4.61	2.55
Error	22	62.16	2.85	
Total	35	335.86		

Apêndice-7

5

Análise de variância do comprimento do rebento principal aos 40 dias em função dos níveis de azoto, *vermicomposto* vermicomposto e da interação da cabaça amarga.

Source of variation	d.f.	Sum of square	Mean Sum of square	F. ratio
Replications	2	0.0099	0.0049	3.44
Nitrogen	3	1.64	0.54	3.05
Vermicompost	2	0.23	0.11	3.44
N×V	6	0.056	0.0094	2.55
Error	22	0.095	0.0043	
Total	35	24.80		

Apêndice-4

Análise de variância do comprimento do rebento principal aos 60 dias em função dos níveis de azoto, *vermicomposto* vermicomposto e da interação da cabaça amarga.

Source of variation	d.f.	Sum of square	Mean Sum of square	F. ratio
Replications	2	0.0081	0.0040	3.44
Nitrogen	3	0.55	0.19	3.05
Vermicompost	2	0.08	0.04	3.44
N×V	6	0.014	0.04	2.55
Error	22	0.18	0.0023	
Total	35	0.8321		

6
Análise de variância do número de ramos aos 20 dias após a germinação, em função dos níveis de azoto, *vermicomposto* e interação da cabaça amarga.

Source of variation	d.f.	Sum of square	Mean Sum of square	F. ratio
Replications	2	0.01	0.0050	3.44
Nitrogen	3	14.78	4.93	3.05
Vermicompost	2	0.57	0.28	3.44
N×V	6	0.107	0.018	2.55
Error	22	0.27	0.012	
Total	35	15.74		

Apêndice-6

Análise de variância do número de ramos por planta aos 40 DAG em função do azoto, níveis de *azoto*, *vermicomposto* e a sua interação na cabaça amarga.

Source of variation	d.f.	Sum of square	Mean Sum of square	F. ratio
Replications	2	5.19	2.60	3.44
Nitrogen	3	419.81	139.935	3.05
Vermicompost	2	21.52	10.76	3.44
N×V	6	4.87	0.81	2.55
Error	22	24.42	1.11	
Total	35	475.81		

Apêndice-7
**Análise de variância do número de ramos aos 60 dias após a germinação em função
dos níveis de azoto e *vermicomposto* e da sua interação na cabaça amarga.**

Source of variation	d.f.	Sum of square	Mean Sum of square	F. ratio
Replications	2	9.31	4.66	3.44
Nitrogen	3	470.71	156.91	3.05
Vermicompost	2	38.67	19.33	3.44
N×V	6	5.76	0.96	2.55
Error	22	88.87	4.039	
Total	35	613.22		

Apêndice-8

**Análise de variância do número de folhas por planta em função do azoto, dos níveis de
vermicomposto e da sua interação na cabaça amarga.**

Source of variation	d.f.	Sum of square	Mean Sum of square	F. ratio
Replications	2	107.75	53.88	3.44
Nitrogen	3	6172.83	2057.61	3.05
Vermicompost	2	1184.10	592.05	3.44
N×V	6	628.101	104.68	2.55
Error	22	497.84	22.63	
Total	35	8590.62		

Análise de variância do número de frutos por planta em função do azoto, dos níveis de *vermicomposto* e da sua interação na cabaça amarga.

Source of variation	d.f.	Sum of square	Mean Sum of square	F. ratio
Replications	2	0.175	0.09	3.44
Nitrogen	3	11.85	3.95	3.05
Vermicompost	2	1.66	0.83	3.44
N×V	6	0.28	0.046	2.55
Error	22	1.29	0.059	
Total	35	15.25		

Análise de variância do comprimento do fruto afetado pelo azoto, níveis de *vermicomposto* e sua interação na cabaça amarga.

Source of variation	d.f.	Sum of square	Mean Sum of square	F. ratio
Replications	2	5.21	2.61	3.44
Nitrogen	3	20.81	6.94	3.05
Vermicompost	2	1.12	0.55	3.44
N×V	6	0.24	0.040	2.55
Error	22	17.82	0.810	
Total	35	45.19		

Apêndice-11

Análise de variância da largura do fruto afetada pelos níveis de azoto, *vermicomposto* e a sua interação na cabaça amarga.

Source of variation	d.f.	Sum of square	Mean Sum of square	F. ratio
Replications	2	0.77	0.38	3.44
Nitrogen	3	1.65	0.55	3.05
Vermicompost	2	0.79	0.39	3.44
N×V	6	0.84	0.14	2.55
Error	22	3.71	0.1	
Total	35	7.76		

Apêndice-12

Análise de variância do peso dos frutos afetado pelos níveis de azoto, *vermicomposto* e sua interação na cabaça amarga.

Source of variation	d.f.	Sum of square	Mean Sum of square	F. ratio
Replications	2	17.73	8.87	3.44
Nitrogen	3	890.11	296.70	3.05
Vermicompost	2	185.97	92.98	3.44
N×V	6	172.02	28.67	2.55
Error	22	116.77	5.30	
Total	35	1382.60		

Apêndice-80

Análise de variância da produção de frutos por planta (kg) afetada pelos níveis de azoto, *vermicomposto* e a sua interação na cabaça amarga.

Source of variation	d.f.	Sum of square	Mean Sum of square	F. ratio
Replications	2	0.0217	0.0108	3.44
Nitrogen	3	3.195	1.065	3.05
Vermicompost	2	0.337	0.1689	3.44
N×V	6	0.016	0.0026	2.55
Error	22	0.099	0.0045	
Total	35	3.66		

Apêndice-14

Análise de variância da produção de frutos (q/ha) afetada pelos níveis de azoto, *vermicomposto* e a sua interação na cabaça amarga.

Source of variation	d.f.	Sum of square	Mean Sum of square	F. ratio
Replications	2	103.70	51.85	3.44
Nitrogen	3	15286.35	5095.45	3.05
Vermicompost	2	1259.22	629.61	3.44
N×V	6	214.055	35.68	2.55
Error	22	683.84	31.08	
Total	35	17547.165		

A análise de variância dos dias necessários para a primeira flor feminina foi afetada pelos níveis de azoto e de *vermicomposto* e pela sua interação na cabaça amarga.

Source of variation	d.f.	Sum of square	Mean Sum of square	F. ratio
Replications	2	25.67	12.89	3.44
Nitrogen	3	23.37	7.79	3.05
Vermicompost	2	4.43	2.22	3.44
N×V	6	1.22	0.20	2.55
Error	22	1.48	0.07	
Total	35	56.17		

Apêndice-16

A análise de variância dos dias necessários para a primeira flor masculina apareceu como afetada pelos níveis de azoto, níveis de *vermicomposto* e sua interação na cabaça amarga.

Source of variation	d.f.	Sum of square	Mean Sum of square	F. ratio
Replications	2	3.04	1.52	3.44
Nitrogen	3	14.82	4.93	3.05
Vermicompost	2	4.88	2.44	3.44
N×V	6	2.92	0.49	2.55
Error	22	12.44	0.57	
Total	35	38.10		

Apêndice-82

Análise de variância do nó em que apareceu a primeira flor masculina em função dos níveis de azoto e de *vermicomposto* e da sua interação na cabaça amarga.

Source of variation	d.f.	Sum of square	Mean Sum of square	F. ratio
Replications	2	2.02	1.01	3.44
Nitrogen	3	38.11	12.71	3.05
Vermicompost	2	12.30	6.15	3.44
N×V	6	3.48	0.58	2.55
Error	22	4.85	0.22	
Total	35	60.76		

Apêndice-18

Análise de variância do nó em que surgiu a primeira flor feminina em função dos níveis de azoto e de *vermicomposto* e da sua interação na cabaça amarga.

Source of variation	d.f.	Sum of square	Mean Sum of square	F. ratio
Replications	2	2.27	1.13	3.44
Nitrogen	3	34.92	11.64	3.05
Vermicompost	2	14.69	7.34	3.44
N×V	6	1.78	0.29	2.55
Error	22	2.68	0.25	
Total	35	56.34		

Apêndice-83

Análise de variância do teor de proteínas em 100 g afetado pelos níveis de azoto e de *vermicomposto* e pela sua interação na cabaça amarga.

Source of variation	d.f.	Sum of square	Mean Sum of square	F. ratio
Replications	2	0.0095	0.0047	3.44
Nitrogen	3	0.0821	0.027	3.05
Vermicompost	2	0.040	0.020	3.44
N×V	6	0.008	0.0013	2.55
Error	22	0.034	0.0015	
Total	35	0.5336		

Apêndice-20

Análise de variância do teor de matéria seca em 100 g afetado pelos níveis de azoto, *vermicomposto* vermicomposto e da sua interação na cabaça amarga.

Source of variation	d.f.	Sum of square	Mean Sum of square	F. ratio
Replications	2	1.81	0.29	3.44
Nitrogen	3	35.02	11.78	3.05
Vermicompost	2	12.35	6.17	3.44
N×V	6	3.02	0.50	2.55
Error	22	6.00	0.27	
Total	35	58.20		

APÊNDICE-21 Pormenores dos diferentes produtos de base e da operação de custos durante o período de inquérito (2010-11)

S. No.	Particulars	Amount/unit	Rate (Rs.)	Total (Rs.)
A.	Common cost			
1.	Pre-ploughing irrigation	1	Rs.300/irrigation	300.00
2.	Field preparation			
(a)	Ploughing by disc plough	1	Rs.1000/ha	1000.00
(b)	Ploughing by cultivator	2	Rs.800/ha	1600.00
(c)	Planking	2	Rs.250/ha	500.00
3.	Application of manures and fertilizers			
	Labour for application of manures and fertilizers	15 labours	Rs.100/labour/day	1500.00
4.	Layout	15 labours	Rs.100/labour/day	1500.00
5.	Fencing	400 m quals (4 round)	Rs.1/m	1600.00
6.	Bamboo pole	80 pole	Rs.10	800.00
7.	Cost of seed	5 Kg	Rs.1000/Kg	5000.00
8.	Seed sowing	20 labours	Rs.100/ labour/day	2000.00
9.	Irrigation	12 irrigation	Rs.300/irrigation	3600.00
	Labour for irrigation	12 labours	Rs.100/labour/day	1200.00
10.	Intercultural operation (weeding, thinning, spraying and earthing)	40 labours	Rs.100/labour/day	4000.00
11.	Plant protection			
(a)	Spray Sevin WP @ 2.0 g/litre	2 kg/ha	Rs.800/kg	1600.00
(b)	Indofil M-45	1.5 kg/ha	Rs.600/kg	900.00
(c)	Bavistin 50 WP	2.0 kg/ha	Rs.800/kg	1600.00
12.	Picking of fruits	6 picking 12 labours/ picking	Rs.100/labour/day	7200.00
13.	Rental value of land	For six months	16000/ha/year	8000.00
14.	Transportation and marketing charges			5000.00
16.	Miscellaneous charges			6000.00
	Total common cost			**54900.00**

B. Custo variável

1.	Treatment			
(a)	Nitrogen @ 25 kg ha^{-1} through urea	54 kg	Rs.6/kg	324.00
(b)	Vermicompost	-	-	-
	Total			**324.00**
2.	Treatment			
(a)	Nitrogen @ 25 kg ha^{-1} through urea	54 kg	Rs.6/kg	324.00
(b)	Vermicompost	2.5 ton	Rs.5/kg	12500.00
	Total			**12824.00**
3.	Treatment			
(a)	Nitrogen @ 25 kg ha^{-1} through urea	54 kg	Rs.6/kg	324.00
(b)	Vermicompost	5 ton	Rs.5/kg	25000.00
	Total			**25324.00**
4.	Treatment			
(a)	Nitrogen @ 50 kg ha^{-1} through urea	108 kg	Rs.6/kg	648.00
(b)	Vermicompost	-	-	-
	Total			**648.00**
5.	Treatment			
(a)	Nitrogen @ 50 kg ha^{-1} through urea	108 kg	Rs.6/kg	648.00
(b)	Vermicompost	2.5 ton	Rs.5/kg	12500.00
	Total			**13148.00**
6.	Treatment			
(a)	Nitrogen @ 50 kg ha^{-1} through urea	108 kg	Rs.6/kg	648.00
(b)	Vermicompost	5 ton	Rs.5/kg	25000.00
	Total			**25648.00**
7.	Treatment			
(a)	Nitrogen @ 75 kg ha^{-1} through urea	162 kg	Rs.6/kg	972.00
(b)	Vermicompost	-	-	-
	Total			**972.00**
8.	Treatment			
(a)	Nitrogen @ 75 kg ha^{-1} through urea	162 kg	Rs.6/kg	972.00
(b)	Vermicompost	2.5 ton	Rs.5/kg	12500.00
	Total			**13472.00**
9.	Treatment			
(a)	Nitrogen @ 75 kg ha^{-1} through urea	162 kg	Rs.6/kg	972.00
(b)	Vermicompost	5 ton	Rs.5/kg	25000.00
	Total			**25972.00**
10.	Treatment			
(a)	Nitrogen @ 100 kg ha^{-1} through urea	216 kg	Rs.6/kg	1296.00
(b)	Vermicompost	-	-	-
	Total			**1296.00**
11.	Treatment			
(a)	Nitrogen @ 100 kg ha^{-1} through urea	216 kg	Rs.6/kg	1296.00
(b)	Vermicompost	2.5 ton	Rs.5/kg	12500.00
	Total			**13796.00**
12.	Treatment			
(a)	Nitrogen @ 100 kg ha^{-1} through urea	216 kg	Rs.6/kg	1296.00
(b)	Vermicompost	5 ton	Rs.5/kg	25000.00
	Total			**26296.00**

DEPARTAMENTO DE CIÊNCIA VEGETAL
N.D. University of Agriculture & Technology, Kumarganj,
Faizabad-224 229 (U.P.) Índia

TÍTULO: "Estudos nutricionais da cabaça amarga *(Momordica charantia* L.) com azoto e vermicomposto".

Conselheiro e presidente de cursoNome
Dr. Chandra Deo.
Professor Assistente (Ciências dos Produtos Hortícolas

do estudante
Ram Kumar
Hortícolas) M.Sc. Ag. (Hort.) Ciências dos Produtos

N.º de identificação: HF-5603/10

RESUMO

A experiência foi conduzida na Estação Experimental Principal, Departamento de Ciências Vegetais, Narendra Deva, Universidade de Agricultura e Tecnologia, Narendra Nagar (Kumarganj), Faizabad (U.P.) durante a estação de *Zaid* de 2010-11. O solo do campo experimental era de textura franco-arenosa com P.h.7.9, ou seja, doze tratamentos T_1 (25 kg de azoto ha^{-1}), T_2 (25 kg de azoto ha^{-1} + 2,5 toneladas de vermicomposto ha^{-1}), T_3 (25 kg de azoto ha^{-1} + 5 toneladas de vermicomposto ha^{-1}), T_4 (50 kg de azoto ha^{-1}), T_5 (50 kg de azoto ha^{-1} + 2.5 ton Vermicomposto ha^{-1}), T_6 (50 kg Azoto ha^{-1} + 5 ton Vermicomposto/ha), T_7 (75 kg Azoto ha^{-1}), T_8 (75 kg Azoto ha^{-1} + 2.5 ton Vermicomposto ha^{-1}), T_9 (75 kg Nitrogénio ha^{-1} + 5 ton Vermicomposto ha^{-1}), T_{10} (100 kg Nitrogénio ha^{-1}), T_{11} (100 kg Nitrogénio ha^{-1} + 2.5 ton Vermicomposto ha^{-1}), T_{12} (100 kg Nitrogénio ha^{-1} + 5 ton ha^{-1}) foram organizados em Fatorial Randomized Block Design com três repetições. Os resultados experimentais evidenciam que o uso de T_{12} (N 100 kg ha^{-1} + Vermicomposto 5 ton ha^{-1}) foi considerado melhor no que diz respeito à promoção do crescimento, produção e parâmetros de qualidade da cabaça amarga. No entanto, foram registados valores máximos nos caracteres de crescimento com a utilização de azoto 100 kg ha^{-1} + vermicomposto 5 toneladas ha^{-1} . Os caracteres fenológicos, tais como os dias necessários para o aparecimento da primeira flor masculina e feminina, foram atrasados pela utilização de Azoto 100 kg ha^{-1} + Vermicomposto 5 toneladas ha^{-1} . Os caracteres que contribuem para o rendimento, como o número de frutos, o peso dos frutos e o comprimento dos frutos, foram afectados pelo uso de diferentes tratamentos e o T_{12} (Nitrogénio 100 kg ha^{-1} + Vermicomposto 5 ton ha^{-1}) foi considerado o mais útil em relação à promoção de todos os atributos de rendimento que registaram o maior rendimento, ou seja, 202,51q ha^{-1} . No entanto, o retorno líquido máximo Rs.130814, bem como a relação benefício: custo (2,35: 1) foi obtido sob o tratamento T_{10} (N 100 kg ha^{-1}) foi considerado o tratamento mais remunerador.

(Chandra Deo)

(Ram Kumar)

(Conselheiro principal e presidente)

(Estudante)

More
Books!

info@omniscriptum.com
www.omniscriptum.com
OMNIScriptum

Printed by Books on Demand GmbH, Norderstedt / Germany